庭
要素

U0176474

图解造园

庭院景观
施工全书

[美] 技能学院出版社 著   张小媛 译

中国水利水电出版社
www.waterpub.com.cn
·北京·

内 容 提 要

打造一个专属于自己的庭院是一件非常幸福的事情，生机勃勃的植物和充满巧思的设计可以让我们的庭院独具一格。本书通过六大章节，从零开始教授读者如何有条理地进行家庭庭院景观设计，布置出赏心悦目且易于打理的庭院。从规划及准备工作开始，选择风格、挑选材料；到铺设绿地，种植灌木与乔木；添加露台、栅栏和墙；到最后用色彩鲜艳的花朵来修饰庭院，全方位收录了关于家庭庭院设计的各种问题，帮助家庭园艺初学者快速入门，打造出自己理想风格的完美庭院。

北京市版权局著作权合同登记号：图字01-2020-1842号

Original English Language Edition Copyright © Landscaping
Fox Chapel Publishing Inc. All rights reserved.
Translation into SIMPLIFIED CHINESE Copyright © [2022] by CHINA WATER & POWER
PRESS, All rights reserved. Published under license.

图书在版编目（CIP）数据

图解造园 ：庭院景观施工全书 / 美国技能学院出版
社著 ；张小媛译. -- 北京 ：中国水利水电出版社，
2022.8
　（庭要素）
书名原文：Landscaping
ISBN 978-7-5226-0615-6

Ⅰ．①图… Ⅱ．①美… ②张… Ⅲ．①庭院-景观设
计-工程施工-图解 Ⅳ．①TU986.4-64

中国版本图书馆CIP数据核字(2022)第058715号

策划编辑：庄　晨　　　　责任编辑：王开云　　　　封面设计：梁　燕

书　名	庭要素 **图解造园——庭院景观施工全书** TUJIE ZAOYUAN——TINGYUAN JINGGUAN SHIGONG QUANSHU
作　者	[美] 技能学院出版社　著　张小媛　译
出版发行	中国水利水电出版社 （北京市海淀区玉渊潭南路 1 号 D 座　100038） 网址：www.waterpub.com.cn E-mail：mchannel@263.net（万水） 　　　　sales@mwr.gov.cn 电话：（010）68545888（营销中心）、82562819（万水）
经　售	北京科水图书销售有限公司 电话：（010）68545874、63202643 全国各地新华书店和相关出版物销售网点
排　版	北京万水电子信息有限公司
印　刷	雅迪云印（天津）科技有限公司
规　格	184mm×240mm　16 开本　17.5 印张　415 千字
版　次	2022 年 8 月第 1 版　2022 年 8 月第 1 次印刷
定　价	72.00 元

凡购买我社图书，如有缺页、倒页、脱页的，本社营销中心负责调换

目　录

你将学到

第一章
计划与准备工作，
第6页
规划赏心悦目且易于打理的庭院。

第二章
铺设绿地，
第40页
绵延的草坪通常是最佳庭院的中心装饰品。

第三章
灌木与乔木，
第74页
选择并种植合适的树木既能为庭院带来一片阴凉，又能让庭院更加美观。

第四章
砖露台和混凝土露台，

第110页

添加露台或瓷砖步石能提高全家人对
庭院的利用率。

第五章
栅栏与墙，

第158页

栅栏与墙能让所有室外庭院变得私密
且形状规整。

第六章
装饰效果，

第226页

一切就绪后，可以通过添加色彩鲜艳
的花朵或美观的花棚来修饰庭院。

计划与准备工作

无论你只想种一株灌木，还是想重新搭建整个院子，一个成功的庭院改造要从精心计划开始。计划除了能预估成果，还能告诉我们哪里需要改进。然后，给自己准备好合适的工具，你就能调整不平整地面、斜坡、台地斜坡；修理出故障的排水系统以及改良土壤，为将庭院设计变为现实做准备。

规划与土壤改良是准备工作中的重要部分。

园艺工具的护理

成套的园艺工具价格不菲，应该根据各种工具不同的特性进行护理。正确的收纳与适当的护理能够延长工具的使用寿命。除此之外，简单的维修常常可以将坏掉或老化的工具恢复至能够良好使用的状态。

基础护理

将工具存放在室内干燥处，避免其因水汽生锈。收拾存放前，请清理并擦干工具。给刀具涂上少许家用型润滑油，保护它们免受腐蚀。磨锐变钝的刀锋。每次使用含有化学成分的喷雾后都应仔细清洁喷雾器。

简单修补

橡胶软管的典型故障都能通过割补的方式进行处理。如果橡胶软管漏水，可以先剪掉损坏部分，再用修补工具拼接。如果软管接头被腐蚀或松脱，可以先将它剪下，再用夹钳在适当位置固定一个新接头（第 10 页）。手柄损坏的工具基本都能补救，替换手柄十分常见。

对铁铲、钉耙、锄头和其他轻量级园艺工具而言，可以将新手柄套入金属套管里，再用螺丝进行固定。斧头、长柄大锤、鹤嘴锄等重量级工具的顶部自带套管，可以装入更粗的手柄，修理时还需要一些其他步骤（第 12 页）。

注意

先断开电源

在拆下割草机刀片去磨锐之前，一定要先将电源断开，避免不小心启动割草机发生危险。

安全使用化学品

清洁喷雾器的时候，将所有冲洗水都倒入单独的容器存放。用纸包好清洁使用过的所有金属丝和棉签。将废弃材料丢弃至当地的有害垃圾回收处。不要将化学废料倒入排水沟。

工具

- 电钻
- 扁锉
- 磨石钻床配件
- 锤子
- 小刀
- 螺丝刀
- 小型长柄锤
- 磨石

安全提示

清洁喷雾器的任何部位时，都应佩戴手套。打磨金属刀片或将工具头敲入新手柄时，都应佩戴护目镜。

磨锐修枝剪和割草机刀片

磨锐修枝剪

移除铰接螺栓，拆开修枝剪。在磨刀石粗糙的一面滴几滴低黏度的家用型润滑油或水。将刀刃的斜面抵在磨刀石上（如右图），从刀尖开始，以打小圆圈的方式打磨，直至刀刃变的锋利。以同样的方法在磨刀石上将刀刃斜面磨至平滑。再重新组装好修枝剪。你也可以使用扁锉（如照片）来磨修支剪。下文详述了如何用扁锉磨锐割草机的刀片，这种方式同样适用于磨修枝剪。

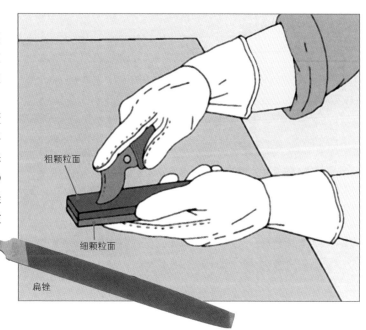

粗颗粒面

细颗粒面

扁锉

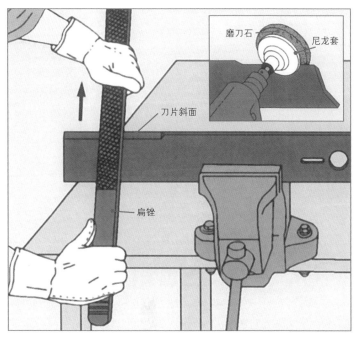

磨刀石

尼龙套

刀片斜面

扁锉

磨锐割草机刀片

用台钳固定刀片。用斜面刀刃抵住扁锉（如左图），按箭头方向锉刀片，不要往反方向拉。均匀地锉整条刀刃。等到刀刃有光泽时，锉掉底部的毛刺。用同样的方法磨锐刀片的另一端。将刀片挂在从工作台水平伸出的钉子上，以此检查磨得是否均匀。如果一端较重则继续磨，直至平衡。如果需要使用磨刀石钻床配件，请将尼龙套放在刀片底部（如嵌图）。打开钻床，将磨刀石抵在刀片斜面上，来回磨至刀片锋利。

修补软管

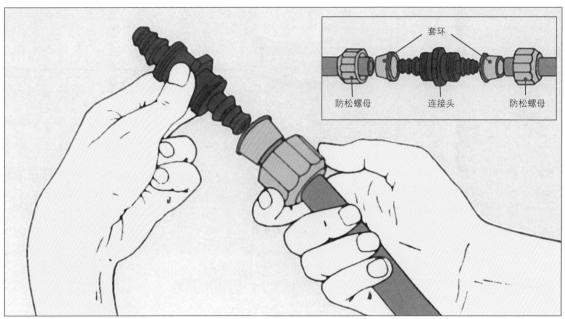

通过接合解决漏水问题

　　切除软管上漏水的部分。将切割过的端口浸入热水中，软化乙烯基。将防松螺母套在软管切割过的一端，内螺纹朝切口方向。在同一端套上套环，把连接头尽量塞入软管内（如上图）。然后把防松螺母套在套环上，用手将螺母固定在连接头上。在这段软管的另一端重复上述步骤。

在软管端口安装新接头

　　切除有问题的接头。把新接头尽量塞入软管切割的端口。用两片式夹扣包住接头底部的软管，将夹扣锁紧固定（如右图）。

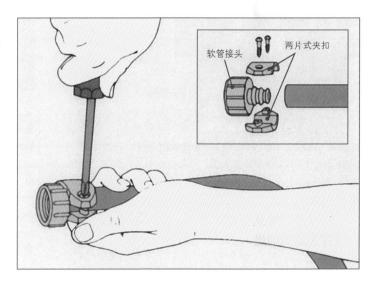

冲洗软管的喷头

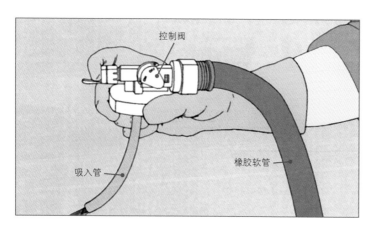

控制阀

吸入管

橡胶软管

冲洗软管的喷头

　　仅将容器与喷头分离，喷头依然连接在橡胶软管上。打开喷头的控制阀，用手指堵住出水孔（如左图）。让水在软管中流动，水会反向冲洗喷头，并从吸入管冲出，冲走化学残留物。将手指从出水孔移开，让水流从喷头的正常方向喷出。如果出水孔堵塞，请用硬金属丝疏通。

保持罐式喷雾器的清洁

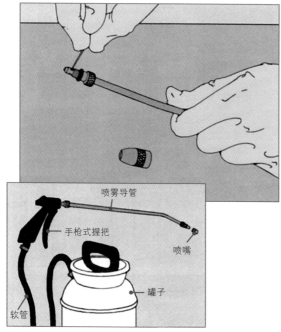

喷雾导管

手枪式握把

喷嘴

罐子

软管

清洁出水孔

　　将喷雾导管从手枪式握把上旋转下来，移除导管末端的喷嘴。用硬金属丝清理导管末端出水孔的残留物（如上图）。

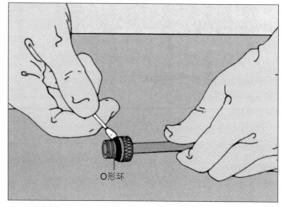

O形环

彻底清洁

　　用湿棉签擦拭喷嘴内部和喷雾导管末端的螺纹，多擦几次直至棉签在擦拭后依然洁白为止。用棉签沾家用型润滑油涂抹喷嘴和螺纹。用棉签给导管两端的O形环涂润滑油（如上图），这样能防止卡壳，还能保持密封性。重新组装喷头，给罐子装水。通过喷水冲洗软管和手枪式握把。

为大型工具更换新手柄

拆下损坏的手柄

用重量级台钳固定大型工具的头部，例如右图的鹤嘴锄。使用 0.6cm 的钻头，在手柄顶部木料上尽可能贴近套管的地方钻 4 个深洞。将鹤嘴锄从台钳上撤下，用小型长柄锤敲打鹤嘴锄头部，往手柄较窄部位的方向敲。如果头部依然卡得很紧，就再钻一个洞，并更用力地敲打。

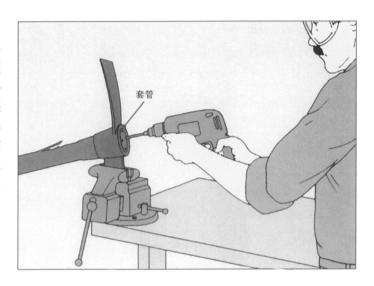

套管

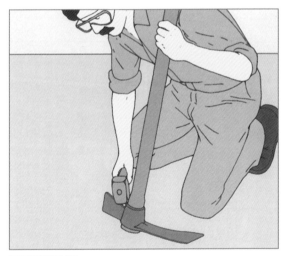

固定新手柄

将鹤嘴锄的头部滑入新手柄中。用小型长柄锤把鹤嘴锄的头部敲至正确位置，让它挤入手柄顶部较宽处（如上图）。轮流捶打套管两侧，让鹤嘴锄头部保持水平。最后将鹤嘴锄头部放入温水中过夜，令木头膨胀。

夯实手柄

把木头晾干。用锤子将 1.3cm 的金属楔子从与木纹垂直的方向敲入手柄顶部（如上图）。这样能让木头更加紧贴套管。如果工具头部与手柄的连接处还有些松动，可以再加入一个金属楔子，从与第一个金属楔子垂直的角度敲入，直至工具头部完全固定为止。

如何成为自己的庭院设计师

与其他主要的家庭居住环境改善计划一样，庭院改造地需要提前规划。哪怕只是一片小土地都极具灵活性，需要认真考虑系统的、可行的设计方案。

绘制地图

首先要绘制房屋的地图，越详细越好（第19页），包括现有的优美风景和植物等元素。标记出地下障碍物的位置，比如电线、水管、污水管道、排水井、化粪池、污水坑等，它们会妨碍或限制某些区域的挖掘工作。

规划全新庭院

将空地视为一个整体，列出所有室外空间的重要用途，例如放松、收纳、进行园艺作业等。在某种程度上，房屋在空地上的朝向与布局能够界定这些区域：就传统而言，房屋把空地分割成了前院入口、后院私人生活区、隐藏服务区，比如可以在房屋侧面布置一组垃圾桶或一间工具房。你或许想把院子和其他玩耍或工作的区域区分开来，比如用有它们自身特色的元素进行点缀。

添加设计感

一旦这些区域在你心中有了大概的轮廓，你就可以尝试在纸上把每种构思都画出来，请牢记稍后介绍的设计规则。在这个阶段，要考虑到植物的视觉特点（见下页）及基本特征，比如它们是常绿植物还是落叶植物，开花还是无花。规划时应考虑到植物的生长习性。树篱和栅栏都可以把一块区域与街道或隔壁房屋隔开。一棵布局巧妙的树能让光线渗入或被遮蔽，还能将露台的气温降低。一排常绿树篱能为步道挡住冬日寒风。选择能够达到你心中标准的具体植物是设计过程的最后一步（参见附录，第266～278页）。

视觉效果的基本构成要素

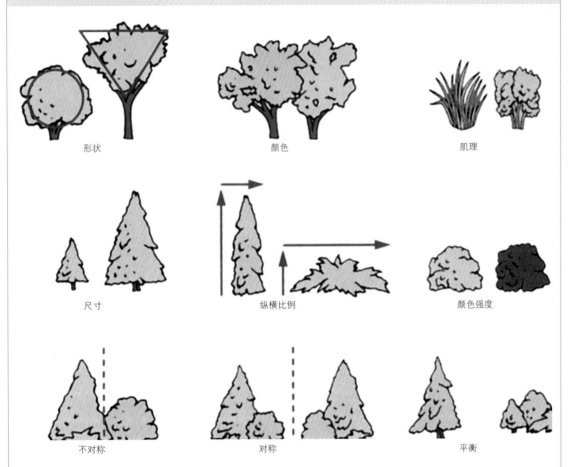

形状   颜色   肌理

尺寸   纵横比例   颜色强度

不对称   对称   平衡

一片风景里，每棵树和每株树篱都有许多视觉上的特点——形状、颜色、肌理、尺寸（或大小）、纵横比例（垂直与水平长度的关系）、颜色强度。在规划设计的时候，要构想好每棵植物的视觉特色，如何相融或如何形成对比，每棵树木或灌木对营造整体格调起到什么样的作用。

不仅要把设计元素一一仔细推敲一番，还要考虑到它们相互搭配的效果。对称与平衡之类的字眼就是用来形容这些设计元素相融时给视觉和心灵所带来的感受。

不同风格的运用效果

统一性

统筹好院子里的所有元素，将它们融为一体——让观赏者的目光能越过繁杂的元素，把它们看作组成一个整体的诸多部分。上方两幅图展示了由树木和乔木组成的两种不同边界，效果都很和谐。上面的一幅图将不同尺寸、不同形状的树木和乔木随意地混搭在一起；下面的一幅图则用大大小小的植物营造出更正式且统一的视觉效果。

焦点

吸引眼球的元素就是所谓的焦点，可以是门、长椅、庭院水池、藤架、园景植物或雕塑。焦点通常位于中心轴的一端，如左上图所示。用对称种植的花朵和灌木点缀步道，将观赏者的注意力引向焦点——房屋正门。强调某个元素的另一种方法是，把这个元素放在格外醒目的地方。可以放在偏离中心的位置，如右上图的长椅。庭院的形状会将观赏者的目光引向长椅，即这个景观的焦点。

平衡

所有风景元素都有视觉"重量"。优秀的设计能围绕一个中心平衡所有元素——平衡大与小、明与暗、粗糙与细腻、密集与空旷。右图庭院为不对称平衡设计，院子的两侧各不相同，但视觉重量相当：较矮的灌木丛平衡了另一侧高大的树。还有一种更简单的方法也能平衡视觉效果，那就是对称设计，可以设计一个两侧几乎呈镜像的院子。

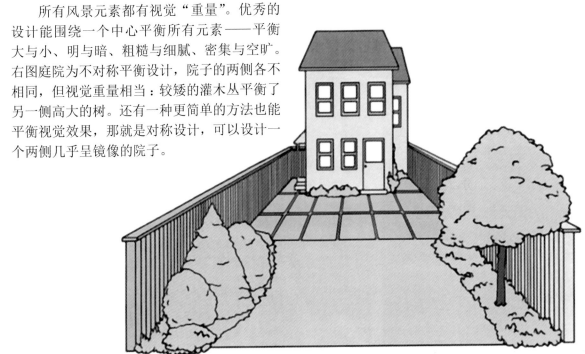

韵律

重复使用相同图案或形状能将观赏者的目光从一个区域引向下一个区域，从而产生某种视觉韵律。这里的轮廓元素——长方形铺路砖、种植区、两棵位于院子同侧的树——营造出了一种令人愉悦的律动感。

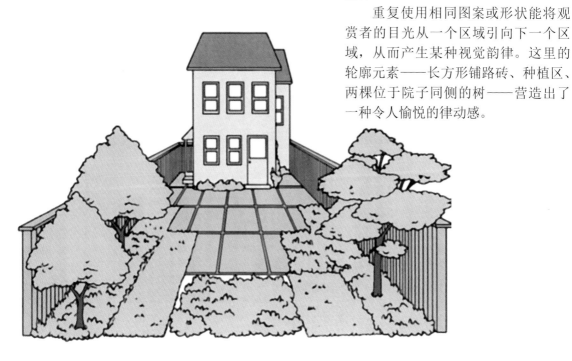

对比

材质、植物、肌理、线条的变化能让设计更加生动。右图案例中，石板小径为庭院增添了新的纹理，石板小径的弧线形状打破了院子的笔直线条感。爬满藤蔓的屏障丰富了院子的多样性，与栅栏形成了对比，同时，形状各异的树木也能为视觉效果加分。

使用几何形元素

　　使用几何形布局的植物和铺路材料在景观设计中占据着重要地位。上图案例中，红色线条标记出的长方形和正方形体现并拉长了房屋的直线建筑线条；右上图的弧线则起到相反的作用，与房屋线条形成醒目且美观的对比；右下图的三角形则将观赏者的目光引向焦点，即图中院子中央的广阔草坪。

起草新计划

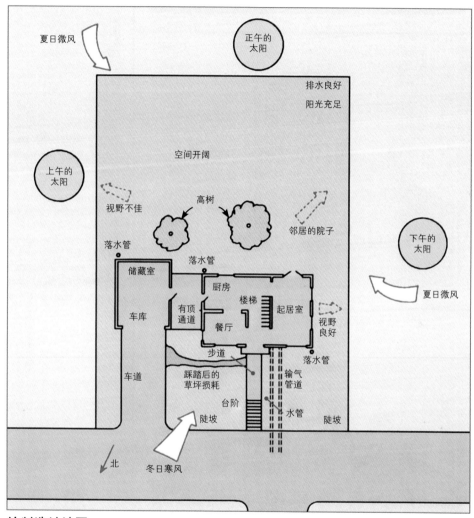

夏日微风

正午的
太阳

排水良好

阳光充足

空间开阔

上午的
太阳

视野不佳

高树

邻居的院子

落水管

落水管

下午的
太阳

储藏室

厨房

楼梯

起居室

夏日微风

车库

有顶
通道

餐厅

视野
良好

步道

落水管

车道

踩踏后的
草坪损耗

台阶

输气
管道

水管

陡坡

陡坡

北

冬日寒风

绘制选址地图

　　在方格纸上按比例绘制整块地的地图，之后添加房屋底层的平面图，标明从房屋窗户和院子观赏点看到的良好视野和不佳视野，还要注意从隔壁院子看过来的效果。在此基础上画出现有的树木、灌木、花床、落水管和地下公用管道设施，标注好陡坡、平地、排水良好的地点，标出太阳在早上、中午、下午的位置以及夏天和冬天的风向。

圈出使用区域

　　将描图纸铺在整块地的地图上，圈出将作为院子主要地段的使用区域。右侧的规划图中，车道附近的草坪被选为主入口区，那里已经有一条被踩踏的小径了。这份规划图上需要添加一些装饰性植物，同时让街上的人看不到屋内。起居室后面的空间是户外生活区。院子里的一个排水好、日照好的角落将成为菜园，与存放工具的实用区相联。

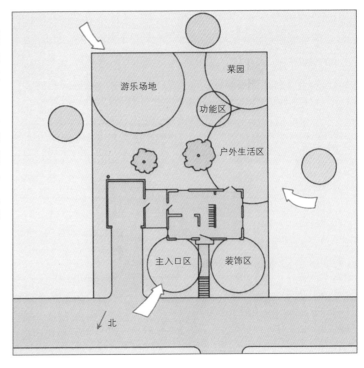

尝试设计

　　把一张全新的描图纸覆盖在地图上，在之前圈起来的每块区域里尝试不同的设计。试着为每块区域构思两三种不同的设计，你可以为这些区域添置新的东西，也可以把不要的移走。左侧的规划图就移走了老旧的前门台阶，用一条从车道到前门的铺路替代。具有装饰性的地被植物取代了面向街道路沿上难修剪的草地。后院的户外生活区变成了铺砌好的露台。一棵遮阴大树和一片高树篱挡住了正午骄阳和隔壁的院子。

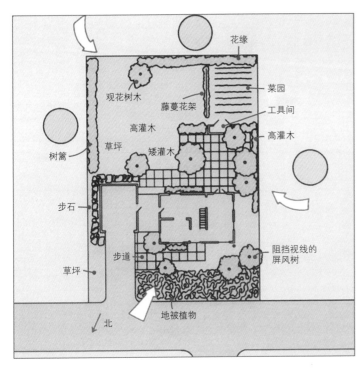

调运土方改变地势走向

许多景观美化项目都要求整平凹凸不平的土地，例如花园、水池、露台、操场，都需要一大片平坦的土地。同样，如果草坪相对平坦，它们会更加美观，也更容易养护。尽管有些大型土方调运工作需要雇佣挖掘公司来完成，但其实通过徒手挖掘和运输就能在短时间内移除大量的土壤。

清除障碍物

在整平选址地面之前，必须先清除石块、树桩、原木及其他大型残余物。如果石头太重，无法通过下文介绍的技术移除，可以雇佣从事挖掘的专业人士来处理，或修改庭院设计方案——打个比方，可以将其作为岩石庭院的中心装饰。

工具	
■ 庭院钉耙	■ 水平仪
■ 金属杆或撬棍	■ 木桩和细绳
■ 草皮切割机	■ 铁锹

调整倾斜地面

如果某块地面完全平整，那么雨天的积水就会集中在那里。为了确保排水顺利，要调整倾斜地面，确保横向距离每 1.2m，竖直方向下降至少 2.5cm。斜坡必须以房子为最高点开始向下倾斜。

如果院子里的不同区域向不同方向倾斜，那么可以在大雨过后观察自然排水模式一小时左右。然后按照第 24 ～ 25 页所述的"弦网法"对院子里的每块土地进行准确的坡度定级。

填平洼地

如果你想买土填平洼地或斜坡，可购买表层土，即土壤与石头、木片及其他移除残余物的肥料构成的混合物，不要购买填充土，它通常含有密集的泥块和石头。0.76m³ 的土能够覆盖 27.9m² 的土地 2.5cm 深。

保护背部

为了避免背部受伤，应该在个人能承受的限度内提举重物。想要进一步预防背部受伤，可以穿戴支撑腰背部的护具，比如举重运动员所用的腰带，或家具搬运工所用的护背带。

轻松调运较重的土块

1   2   3   4

使用铁锹的正确方式

直立，把脚踩在铁锹刀背上，将铁锹深深踩进土里。双手放在铁锹的正确位置上，将铁锹把手顶部下压，把铁锹当作杠杆，撬出土（如上图图2）。放松膝盖，将较低的一边手滑到铁锹把手下端，更好地利用杠杆原理。尽可能保持背部挺直，用手臂和双腿抬起土块，并抛掷土块（如上图图3、图4）。

1   2   3

双手搬运

躯干挺直，蹲低，离要搬运的重物尽可能近（如左图图1）。将要搬运的重物贴近身体，缓慢站起。腿部发力，而不是背部发力，抬起重物（如左图图2）。为了减轻背部负担，把重物贴近腰部（如左图图3）。转身时，请转动整个身体，而不要扭动躯干。

单手搬运

　　微微膝盖弯曲，保持背部挺直，腰部倾斜，用手够向重物。双腿发力提起重物，保持肩部平衡。上身抬起挺直，提起重物。空出的那只手伸展保持平衡。

将原木搬离选址处

　　使用结实的硬木棍或撬棍，把原木搬到滚轴上，滚轴可以用光滑圆柱形木头或铁管。将绳子捆在原木前端，把原木缓缓拉过滚轴，再将另一个滚轴垫在原木前端，支撑原木。当原木完全滚离后端的滚轴后，把空闲的滚轴移至前方，如此往复，直到将原木移到指定位置。

移动石块

　　用木棍或撬棍撬起大石并放在一张厚帆布上或粗麻布上。牢牢抓住布的两角，手臂和腿部肌肉发力，将石头拖离选址处，并移至指定位置。

矫平与调整倾斜地块

剥离土地表面的草皮

　　用草皮切割机以带状轨迹清除想要矫平处的草皮。如果想在调整完倾斜地面后再把草皮种在该地区，请轻轻卷起草皮，将它们移出该区域，稍后再铺开。移植之前请保持草皮水分充足。

整平高凸低凹处

　　选择在土地不太湿也不太干，而是略微湿润的时候操作。挖出高处的土壤填入低处。每倒完一铲土，都要用铁锹刀片末端把坚实的大土块捣散。

用木桩和细绳设定斜坡

　　在选址的四角敲入木桩。地势最低处的木桩（通常离房屋最远）必须足够高，与地势最高处的木桩大致平齐。将细绳系在地势较高处的木桩上，沿着选址边缘放绳子，直至对侧地势较低处的木桩。请另一个人检查悬挂在细绳上的水平仪（如上图），如有必要可以调高或调低细绳，直至水平。

　　在地势较低处的木桩上标记细绳的水平位置。将细绳沿着木桩往下移，直至形成理想的斜坡（第27页）。固定好细绳。在选址的另一侧重复以上步骤，然后调整选址上方木桩之间和下方木桩之间细绳的水平程度，圈定整个范围。

水平仪

布置网格

在选址范围的外侧每隔 1.8m 钉入一根木桩拉起细绳布置边界。用细绳连起每两根相对的木桩，将细绳调整至与四周细绳同一水平高度。务必将网格细绳拉紧。

矫平表面

一次调整 $0.5m^2$ 的地块，用重钉耙捣散土壤，使其接近粗沙质地。将土铺开，与细绳网格的平面相平行。用钉耙平整的顶部抚平这块地。移走木桩和细绳。

修理出故障的排水系统

专业庭院设计师将排水系统定义为两阶段流程——先由斜坡决定水在地面的流向，之后水会渗入土里。第一阶段，雨水会造成以下问题：雨水会侵蚀凸起的地面；雨水可能会流向地势较低的区域，导致雨停后很久地面都是湿的；雨水还可能会积聚在房子周围，或许会渗入地下并危害地基。

低成本维修渗水的地下室

如果高地下水位或一些其他看不见的问题导致地下室渗水，必须请排水专家来处理，但是首先要检查一下渗水是否只是由于地表排水不良造成的。房屋周围3m范围内，水平距离每30cm都应在竖直方向下降至少2.5cm。

调整斜坡所有的不足之处，同时，用弹力塑料管延长排水沟落水管，这样能将雨水导离房屋。根据院子斜坡的具体情况，可以将排水沟落水管延伸至地下排水井，收集并慢慢分散雨水（如第27页），也可以将排水沟落水管延伸至排水渠，用来排干雨水。

控制斜坡径流

想要避免雨水积聚在缓坡底部，可以修建截水沟和洼地，即土制低坝和浅沟槽（第28页），以此改变水的流向。对较陡的坡而言，可以将土地修为台地，并搭建挡土墙（第29～33页）。

工具	材料
■ 水平仪	■ 木桩和细绳
■ 草皮切割机	■ 弹性无穿孔排水管
■ 铁锹	■ 落水管接合器
■ 打夯机	■ 滴水砖
■ 卷尺	■ 表层土
	■ 碎石

将水导离地基

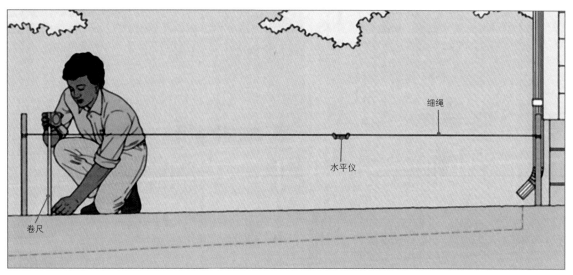

细绳

水平仪

卷尺

确认坡度

在紧贴房屋处和距离地基 3m 处各钉入一根木桩。在两根木桩间系一条细绳，用水平仪将其调整至水平。每隔 30cm，测量一次细绳到地面高度，以计算坡度。移动木桩，在房屋同侧其余点重复以上步骤。在 30cm 水平距离的下降高度不足 2.5cm 的区域，刮走草皮（第 24 页）并清除所有灌木（第 86 页）。挖一条沟槽来延伸落水管。沟槽应为 20cm 宽，长度在 25cm 以上，离落水管至少 15cm 深。水平距离每 0.3m 也应下降 2.5cm（如上图虚线）。

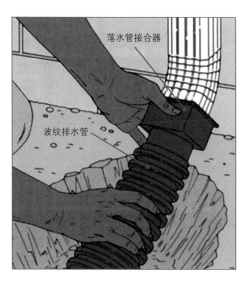

落水管接合器

波纹排水管

延伸落水管

将接合器连接在落水管末端。把有弹力的无穿孔排水管放在沟槽里，并连接在接合器上。水管必须水平放置在沟槽底部，无凹陷或凸起。如有必要，可挖走或填补水管下方的土。

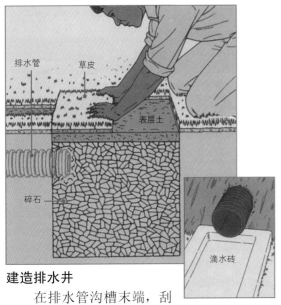

建造排水井

　　在排水管沟槽末端，刮走 0.23m² 的草皮，放在一边。然后挖一个约 90cm 深的洞。将波纹排水管推入洞中，管口凸出洞口几厘米。用表层土填充沟槽并夯实。用碎石填充坑洞，直至高于水管顶部 2.5cm 左右。添加表层土，再次铺上草皮（如上图）。如果沟槽末端位于坡上，请将水管引出斜坡，置于滴水砖上（如嵌图）。滴水砖能防止水流侵蚀排水口。

调整斜坡

　　延长完排水管之后，对房屋周围所有不合适的斜坡进行调整。如果土堆比地基高，先用防水密封胶砌砖。土壤高度必须低于木质壁板至少 15cm，这样才能防止白蚁侵害。用打夯机夯实土地。

控制缓坡径流

建造崖径和洼地

　　挖一条沟槽或洼地，约 7.5cm 深，至少 15cm 宽，贯穿保护区域上方的斜坡。将剩余的土在洼地下方堆成微圆的土堆，建造崖径，然后将土夯实。把草皮（第 66 页）铺在崖径上和洼地上，也可以种植一些地被植物（第 67 页）。

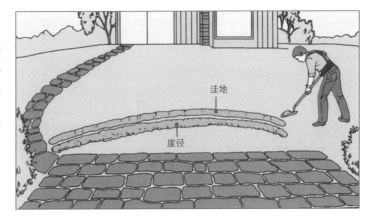

木制挡土墙

用木制挡土墙防护斜坡，不仅能解决水土流失，还能为庭院的视觉效果加分。因为土与水会对挡土墙背部造成巨大的压力，所以必须搭建结实的框架结构，并且必须保证能够充分排水。

下文所描述的设计都满足了这些需求。除此之外，木制挡土墙的建造方法也很简单，而且它们表面整洁，没有钉子或扣件的痕迹，但是，这种设计不适用于高度在90cm以上的墙，90cm以上的木制挡土墙在某些地区需要得到建筑许可才能搭建，还需要雇佣建筑工程师，建议在搭建之前了解当地是否需要建筑许可。如果你的院子里有一条又长又陡的坡，可以考虑将两面以上的90cm木制挡土墙间隔开来，保护斜坡。

选择材料

所有加工后能防腐蚀、防白蚁的木料都能用来制作木制挡土墙。铁路轨枕曾经也是合适的材料，但现在不再流行这种材料，因为它们经过防腐木榴油处理，对许多植物来说有毒。

经过加压处理的杨树木料或松树木料是绝佳替代品，糙面或光面均可。它们经过对环境无害的防腐处理，可以用链锯根据自己的需要进行切割，便于使用。

放置木制挡土墙的位置

如果你想在坡底附近建墙，就需要在墙后填土。你也可以挖掘高地势区域，将墙垂直建在斜坡表面，然后运走多余的土。第一种方案能增加木制挡土墙上方院子的水平空间，第二种方案能增加木制挡土墙下方院子的水平空间。

工具	材料
■ 水平仪	■ 木桩和细绳
■ 铁铲	■ 碎石
■ 手动或油动打夯机	■ 经过加压处理的杨树木料或松树木料
■ 木匠水平尺	
■ 链锯	■ 镀锌隔板和镀锌钉子
■ 重型钻孔机，带1cm粗、45cm长的钻头	■ 加固钢条
■ 长柄大锤	■ 打孔排水管

注意

在挖掘之前，先确定可能出现地下障碍物的位置，例如排水井、化粪池、污水坑、电路管道、水管、污水管道等。

安全使用链锯

确保切削齿锋利，链条张力适度。永远不要将链锯拉离木条超过 3mm。将木材固定在结实的支架上便于用锯，在木料上用粉笔画出切割线条作为引导。戴好护目镜，防止木屑飞入眼睛。在使用链锯前，将它牢牢抵在地面，使用时一定要双手持锯。因为加压木材仍带有杀虫成分，因此在锯木料时应佩戴防尘面具，锯完后要彻底清洁双手。

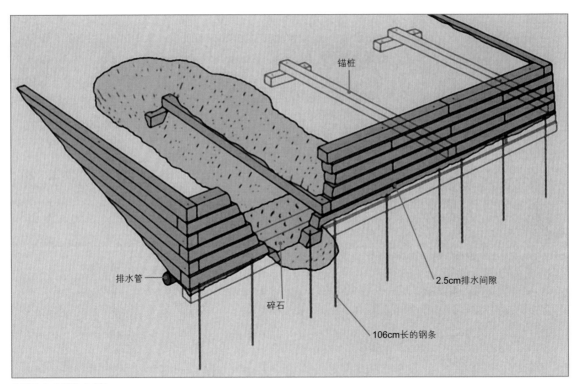

锚桩

2.5cm排水间隙

排水管

碎石

106cm长的钢条

剖析木制挡土墙

将 90cm 木制挡土墙的底层固定在沟槽里，用 106cm 长、1cm 宽的加固钢条或钢筋固定。第二层用 30cm 的镀锌长钉加固。这些元素都有助于抵挡墙后来自土和水的压力。沿坡每层都错开 1.3cm。加固木料——将锚桩钉入坡侧 2.4m，搁在 30cm 长的木料上，呈十字交叉，并用 106cm 长的钢条固定。在拐角锚桩上搭建边墙，锁定拐角，让边墙与墙相连。将打孔排水管埋在碎石里，并在第二层相邻木料之间留有 2.5cm 缝隙，可以透过这个缝隙排出墙后的水。

选址准备工作

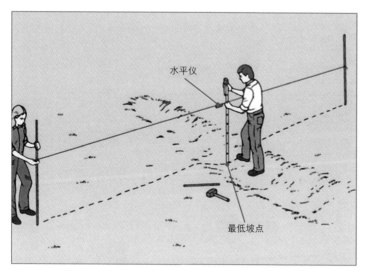

水平仪

最低坡点

标记墙壁沟槽

　　在选作墙角的地方钉入 1.5m 木桩。在木桩之间系绳，用水平仪将其调整至水平。找到这条线离地平面最高的一点（如左图），这就是最低坡点，用木桩做好标记。沿线每 1.2m 吊下一个铅锤，在这些点钉入木桩，标记墙壁外沿。将 1.5m 木桩上的线移到较低的木桩上。

挖沟槽

　　从坡最低点开始朝墙角的木桩挖，挖一条底部平整、宽 30cm 的沟槽，距坡最低点 30cm 深。在沟槽里铺一层 15cm 厚的碎石，并夯实。用木匠水平尺检查沟槽底部。移走木桩。在沟槽里铺木料，将此作为第一层。木料的顶部应与坡最低点的地面齐平。想要布置锚桩沟槽，得先从一个角落开始，然后向外拉一条 2.4m 的线，与墙形成直角。在线的末端钉一根木桩。在其他角落重复同样的步骤，中间间隔为 1.8m。

建墙

固定前两层

在每根木料的中央以及距木料两端15cm的地方，用9.5mm钻头以垂直角度各钻一个穿透木料的孔。然后将106cm长钉穿过透孔，并用长柄大锤锤入地面（如右图）。布置第二层木料时，木料间的接合点不能与第一层木料间的接合点重叠。第二层木料比第一层木料离斜坡近1.3cm，木料间留2.5cm缝隙作为排水孔。在每根木料上钻3个穿透木料的孔，钉入30cm的长钉，将前两层固定在一起。

加固墙壁

搭建锚桩时，可以向木桩方向回挖沟槽——沟槽底部与第二层木料顶部保持水平。在锚桩沟槽末端，挖90cm长、比锚桩沟槽深15cm的十字交叉沟槽。将十字木板放置好，然后把锚桩安置在十字木板顶部，这样锚桩的末端就会位于第二层，顶端缩进1.3cm。钻导孔后，把106cm长的钢条钉入锚桩和十字木板，直至钉入地面。将30cm长钉钉入锚桩直至第二层。制作第三层时，应切割木料填充锚桩之间空隙——确保第三层木料的接合点与第二层的接合点不重合——再用长钉固定。

铺设排水系统

在墙背后钉入镀锌铁丝网，覆盖第二层木料的排水缝隙。铲一些碎石倒在墙后。留下足够的空间，沿基床顶部和锚桩底部布置打孔排水管（如上图）。最后再铺上一层15cm厚的碎石。

第五层

第四层

墙角锚桩

固定墙角

铺完第四层后，在墙的每端铺设边墙木料，用30cm长钉将木料固定在墙角锚桩上。再在上方铺一层边墙木料，让木料的末端比第四层顶端缩进1.3cm，用长钉固定。将第五层木料放在两根边墙木料之间，用长钉固定。按这种方法继续布置正面和边墙的木料层，确保木料之间的接合点不在一条直线上，每层相互交错，每次都离坡侧更近1.3cm。然后在角落锚桩上和延伸至墙壁正面的边墙木料层上横向钻孔，用30cm长钉固定角落（如左图）。在墙后铺一层10cm厚的土，用手动或油动打夯机夯实。再铺一层10cm厚的土并夯实，重复该步骤，直至与墙壁顶部齐平。

准备种植用土

所有土壤的主要成分都是矿物颗粒，包括超细稠密黏土、中等大小的淤泥、粗糙松散的沙土等。这些成分的比例以及腐烂植物和动物有机残留物质，也称为腐殖质，决定了土壤的质地和品质。黏土太多的土壤几乎可以无限储水，会导致排水问题；沙土干得太快，会滤去营养成分。

最理想的庭院土壤叫作壤土，所含黏土、泥沙、沙的比例均衡，同时还含有丰富的腐殖质，有助于将矿物颗粒凝聚在一起，并能够保留水分。壤土质地疏松，为空气和水分的流通保留了大量空间，还能锁住营养成分。腐殖质能令土壤保持肥沃，更有益于植物生长。

合适的质地只是庭院优质土壤的要求之一。除此之外，土壤必须包含可供植物生长的必备营养物质，并且不能有太强的酸碱性，因为酸碱性太强会减弱植物根部吸收土壤营养成分的能力。

土壤诊断

通过一些简单的测试，就可以评估土壤的质地和土壤的化学成分。下文的水试验可以用来评估是否需要使用改善土质的有机改良剂。泥煤苔和脱水肥料是两种使用广泛的有机改良剂，但最好的选择是堆肥：它既能为土壤添加营养成分，又能改良土壤结构，而且在后院就可以制作（第39页）。

至于化学试验，可以使用庭院中心贩售的土壤测试工具箱。这些工具箱大部分都带一组测试瓶和化学剂，还有解释测试结果的对照表。有针对氮、磷、钾的测试，最重要的是，还有酸碱度的测试，即 pH 值测试。

知悉正确的 pH 值

pH 值的数值范围为 0 ～ 14。中性土壤的 pH 值为 7；pH 值高于 7，碱性渐强；pH 值低于 7，酸性渐强。大部分植物在微酸性土壤中长势最好，即 pH 值介于 6 和 7 之间。查询附录了解植物对土壤酸碱性的喜好。

想要减少土壤的酸性，可以添加白云石灰岩，其中包含镁，这是必要元素。在轻质沙土里，每 1.8kg 白云石灰岩能提高 9m^2 土壤 0.5pH 值；用于壤质土，需要多添加 20% 的白云石灰岩；用于重质黏性土，需要多添加 30% 的白云石灰岩。

如果土壤碱性过强，可以通过添加硫元素来调整——可以是纯地面硫、硫酸亚铁或硫酸铝。纯硫起效比其他几种慢，但效果更持久；硫酸亚铁将铁元素留在土壤里，让植物有了茂盛的深色叶子；使用硫酸铝必须小心谨慎，因为土壤中铝元素过多对植物有害。

想要将 9m^2 沙土的 pH 值减少 0.5 到 1，可以使用 1.4 到 2.3kg 的硫酸铁或硫酸铝，也可以使用 0.2 到 0.3kg 的纯地面硫；在壤质土中需使用 1.5 倍，在黏性土中需使用 4 倍。

何时及如何给土壤施肥

在种植前 4 到 6 个月为土壤添加改良剂，让它们有足够时间被充分吸收。通过耕地来混合有机改良剂（第 38 页）。在土壤表面播撒白云石灰岩或硫，然后将它们耙入土壤上层几厘米。

如果地方较小，可以用铁锹和翻土叉来耕地（第 38 页）。如果想轻松、快速地大面积耕地，可以租一台动力耕耘机。耙齿在引擎后方的型号较稳定，通常来说更适合初学者；耙齿在引擎前方的型号机动性更强，适合用来耕难耕的地方。

注意不要耕湿土，湿土会被打散成又大又重的土块，像石头一样又干又硬。雨后 3 天是耕地的好时机，这时的土壤不会太湿，也不会因为太干导致耕地后尘土飞扬。

工具	材料
■ 铁锹	■ 肥料
■ 水桶	■ 泥煤苔
■ 泥铲	■ 堆肥
■ 尺子	■ 白云石灰岩
■ 土壤测试工具箱	■ 硫
■ 防水布	
■ 翻土叉	
■ 动力耕耘机	

土壤诊断

收集样本

在计划种植区域的不同地点，挖几个约15cm宽、15～22cm深的洞。沿着每个洞壁刮一块楔形薄土（如右图）。戴好手套，避免双手影响土壤样本中的化学成分，移除样本上的草皮、所有小石头、植物根系，然后用铁锹和泥铲将所有土在塑料桶里混合。

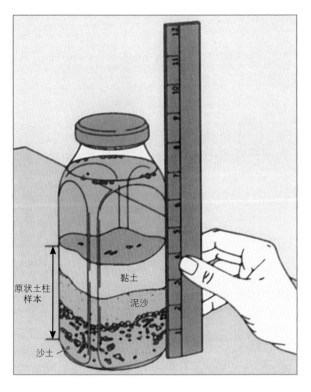

原状土柱样本

黏土

泥沙

沙土

土质的水测试

在塑料水瓶里装入半瓶水，并加入土壤样本至瓶子几乎全满。盖上瓶盖，摇晃均匀，然后静置等土壤颗粒分层——需要三小时至一天不等。测量每层土壤的厚度——顶部为黏土，中间为泥沙，底部为沙土——用原状土柱样本的总高度除以每层的高度，计算出每种成分的比例。在用有机改良剂调整土壤质地的时候（第39页），如果土壤的泥沙含量少于25%，或土壤的黏土含量多余25%，可以添加5～7cm的泥煤苔、肥料、堆肥。如果土壤的含沙量高于30%，请按以上剂量的两倍添加。

测试 pH 值

将土壤装入土壤测试工具箱中正确的 pH 试验盒里，按工具箱的指导添加适量化学成分。使用滴管，用水填充试验盒至指示线处（如右图）。盖上试验盒，然后摇晃，让土壤和液体充分混合。在土壤颗粒稳定后，将残留溶液的颜色与工具箱的测试结果色板进行比对。最接近的颜色就是土壤的 pH 值。

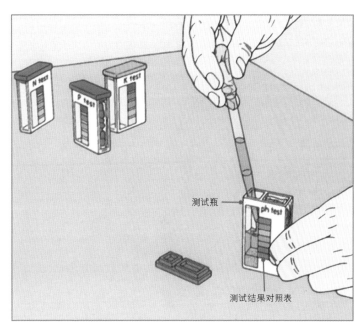

测试瓶

测试结果对照表

改良土壤

土壤改良剂

徒手翻土

　　用铁锹尖划出施工处，把这块地分为几块 60cm 宽的区域。从最末端区域挖出约铁锹铲高度那么厚的土（15 ～ 22cm），把土倒在塑料布上或防水布上（如左上图）。然后在这个沟槽里填入相邻区域的土（如右上图）。将

需要的有机土壤改良剂（第 35 页）撒在第一区，再用翻土叉翻动。把第三区顶部 22cm 土壤铺入第二区，并添加土壤改良剂。继续重复以上步骤，直至最后一块区域。将一开始从第一区挖出的土壤填入最后一区的沟槽里。

使用动力耕耘机

　　将耕耘机调至空挡，放在种植区角落，把耙齿调整到正确深度——重质黏性土 7cm，沙土 20cm。发动引擎向前，操纵耕耘机沿着这块地的一侧移动。耕至尽头时转弯往回耕，让已耕地呈 U 形。继续来回耕地直至尽头，然后在未耕处反向重复该步骤（如右上嵌图）。如果土壤较难耕，将耙齿调整为 15cm，并多耕一次。按需在土壤上层撒上有机土壤改良剂（第 35 页）。将耙齿深度调至最大，按与第一次耕地路线垂直的方向耕耘，将改良剂混入土地。如果耕耘机剧烈震动就放慢速度，并将耙齿稍微抬高一些。

堆肥：来自庭院废弃物的免费肥料

制作堆肥就像在自家后院建立一个肥料工厂。如果只是简单地把有机物质堆起来，形成堆肥的过程可能需要长达一年。但如果把原料放在热量和湿度都很均匀的容器里，形成可用堆肥的时间只需三四周。最有效的堆肥系统需要三个容器：一个用来存放干净的有机物原料；一个用来存放半分解形态的堆肥；一个用来存放完成的堆肥。容器可以购买，比如塑料桶；也可以自己制作。

下面介绍了一种制作容器的简单方法。这些容器占地0.3m²，高1.2m。不一定要底面。2×4规格的竖支柱插入地面，起到固定作用。用刨槽机或圆锯在容器正面支柱上开一个能插入和取出1×6规格板条的凹槽，便于翻转堆肥。

堆肥的空气流通也十分重要。用螺丝将正面板条隔开，固定在木板的一侧。容器的侧面和背面都有大孔铁丝网，将1×6规格的木板钉在支柱顶部和底部，起到固定作用。

成分

开始制作堆肥的时候，需要同样比例的"棕色"物质（碎树枝、锯屑、树叶）和"绿色"物质（草和树篱的修剪残余物、庭院垃圾、蔬菜残渣）。其他有机物质同样有用，例如木灰、果皮、蛋壳、咖啡渣。不要使用病株植物、入侵杂草、宠物粪便、煮熟废料，这些成分会吸引害虫。

在底部铺15cm粗糙的棕色物质。然后加2.5cm的商品肥料作为微生物的食物，再铺15cm绿色物质，然后加2.5cm商品肥料，再加2.5cm土。加水直至堆肥潮湿，然后继续按同样的顺序和比例堆叠，直至容器填满。

制作堆肥

将堆肥静置几天，然后每周用翻土叉翻几次，加速分解。几周后，将部分堆肥移至第二个容器，再在第一个容器里加入新鲜的厨余废料和庭院废料。这时候是否分层堆叠并不重要。

不定期往两个容器里加水，让堆肥保持湿润。再过两周，第二个容器里的堆肥颜色会变深、变疏松，这时将它们转移到第三个容器里存放，直至可以使用。

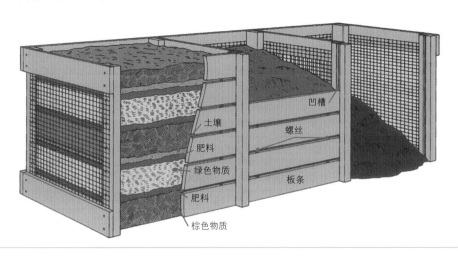

凹槽
螺丝
板条
土壤
肥料
绿色物质
肥料
棕色物质

第二章

铺设绿地

对许多人而言，庭院改造始于草坪，终于草坪——草坪也是进行庭院改造的好理由。在生长季节，免不了要维护连绵的草坪。种植维护费用低的地被植物能减轻负担，例如常春藤或小长春花。无论选择草坪还是地被植物，本章介绍的秘诀都能让庭院绿地常年保持美观。

铺设草皮能让草坪立刻充满绿意，但在它们完全扎根之前需要每日护理。

精心修剪的草坪赋
予了庭院整洁、美观的
景象。

茂盛的绿色草坪可以作为庭院设计的焦点，也可以作为展示彩色花朵和季节性灌木与乔木的画布。

让草坪达到这样的整齐程度并保持排水良好可能需要费一番功夫，但所产生的效果让所有付出都变得值得。

维护草坪健康

没有杂草、修剪完美的草地不可能天然形成，它们需要密切的关注和持续的维护。除了常规的修剪和浇水，还需要定期施肥、通气、除杂草等，才能让草地保持青翠、健康。

修剪草地

割草机种类繁多，选择最能满足你需求的那种。每年都要磨锐割草机的刀锋（第9页），并确保草坪中没有垃圾碎屑，这些碎屑可能会钝化割草机的刀锋，或从割草机斜槽中被抛出。启动引擎前，调整好割茬高度（第48页）。附录中有常见草坪植物的推荐割茬高度。

草坪修剪过后的残余物可以装起来扔掉，不过也可以将较短的残余物留在草坪里，它们会分解成天然肥料。现代遮覆式割草机自带特殊刀片和全封闭底座，能将修剪后的残余物剁碎，加速分解过程。你也可以把老式割草机改造成遮覆式割草机。

想让修剪效果更好，就要用动力修剪器修剪支柱边缘和其他难修剪的地方，还要用打草机沿着花床和人行道修剪一条窄小的沟槽（第49页）。

提供水和食物

在气温高、降水少的夏季，草坪生长减速，可以减少修剪草坪的次数，多浇水。一次彻彻底底的浇水（约一周一次）比频繁少量浇水来得好，频繁少量浇水会抑制草坪深层根部的生长。将洒水器设定至合适的强度和范围，以此控制草坪所接收到的水量。

当然，光有水，草也活不了，必须添加肥料，补足土壤营养成分。施肥时间根据草地类型的不同而有所不同，可参考草地表格。一定要将溢出的肥料从人行道和车道上扫入草坪里，防止它们被冲入雨水道造成污染。

控制杂草

即使是维护得非常好的草坪，也无法避免长出杂草。必须将杂草挖走，或用既能除杂草又不损害草坪的除草剂消灭杂草。有些除草剂会让接触到的植物枯萎；而有的除草剂则会影响所有植物；它们会被植物吸收，甚至摧毁植物的根部。除草剂可以直接用于单株的杂草，也可以喷洒在杂草为患的整片区域（第55～56页）。

很多园艺品店都售卖可溶于水、对环境无害的染料，将它们与除草剂混合后装入洒水器，这样能确保除草剂均匀覆盖草地。雨水和灌溉都能立刻把这些染料冲走，所以不必担心。

刺激生长

即使小心翼翼地浇水施肥了，如果杂草——纠缠在一起的死草——太厚，抑制了新草的生长，那么草坪还是无法呈现健康的状态。用杂草耙子或电力除杂草机除去杂草（第58页）。用这两样工具在密集的杂草中犁出一条狭长的道，能将杂草更好地耙开。

后院或游乐区被频繁踩踏的地方，土壤会变得紧实，导致草根无法穿透土壤。可能每两年需要安装一次通风装置（第59页），它能提取土壤里堵塞的土块，疏松紧实的土地。定期通风还有助于防止杂草形成。

将堆肥耙入通风装置留下的洞口时，它们就成了绝佳的土壤改良剂或添加剂。

工具	材料
■ 卷尺	■ 草坪肥料
■ 螺丝刀	■ 草种
■ 除草叉	■ 除草剂
■ 翻土叉	■ 木桩
■ 庭院钉耙	■ 细绳
■ 锄头	■ 泥煤苔
■ 园艺泥铲	■ 污泥堆肥
■ 杂草耙或动力除杂草机	■ 稻草或木料纤维覆盖物
■ 草耙	■ 链环栅栏
■ 通风叉或电力通风机	

注意

在修理或调整维护草坪的电力设备之前，必须断开电动机器的插头。如果这个机器有燃油引擎，必须断开火花塞线。

安全提示

在使用草坪维护设备时，要穿上结实的鞋（最好带鞋头铁片）和长裤，戴好护目镜和手套。操作噪声大的油动机器时，还要保护好耳朵。使用手动工具挖掘或耙地时，要戴好手套。

修剪草坪的装备

滚筒式割草机

　　割草机刀片与固定的金属底刀组成的剪刀能修剪出平整的草坪，尤其适用于早熟禾属植物等较稀疏的草。滚筒式割草机用来修剪结缕草属植物等较密集的草时效果不太好。刀片需要经常磨，还很容易被细枝和卵石损坏。除了这里展示的手动型号，还有自动型号的割草机。两种都适合小型且平整的草坪。

卷刀片

滚轴　　底刀

万用旋转式割草机

　　右图所示的手推割草机能将任意类型的草地修剪成一条一条的，还能装好修剪完的残余物，或排出残余物用作覆盖物。乘坐式割草机也有类似的特点，如果需要修剪的草坪面积大于 $2000m^2$，那么就值得花更多的钱购买乘坐式割草机。如果想要保护草坪根部，使用护根式刀片（如图）很重要，长刀刃的弧形线条能顺利完成重复扶起草并切割草的动作。

护根式刀片

动力打边机

动力打草机有油动型号、插电型号、电池型号，用来修剪支柱周边和其他草坪割草机难以修剪的地方时很方便。旋转尼龙绳通过抽打动作来修剪草坪。使用时，刀头的绳子摩擦草坪，替代了卷刀片。在地面上轻敲会抛出一段新的绳子。防护装置上的切割器能将这些绳子调至合适长度。

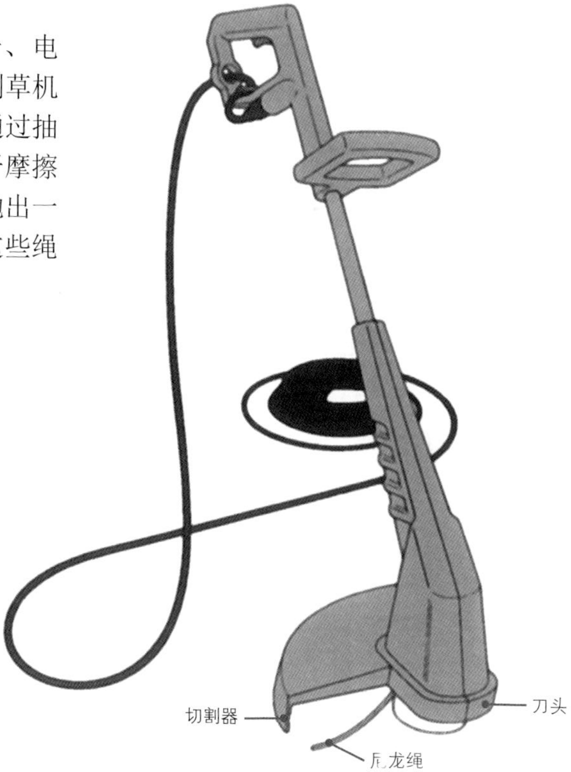

切割器

刀头

尼龙绳

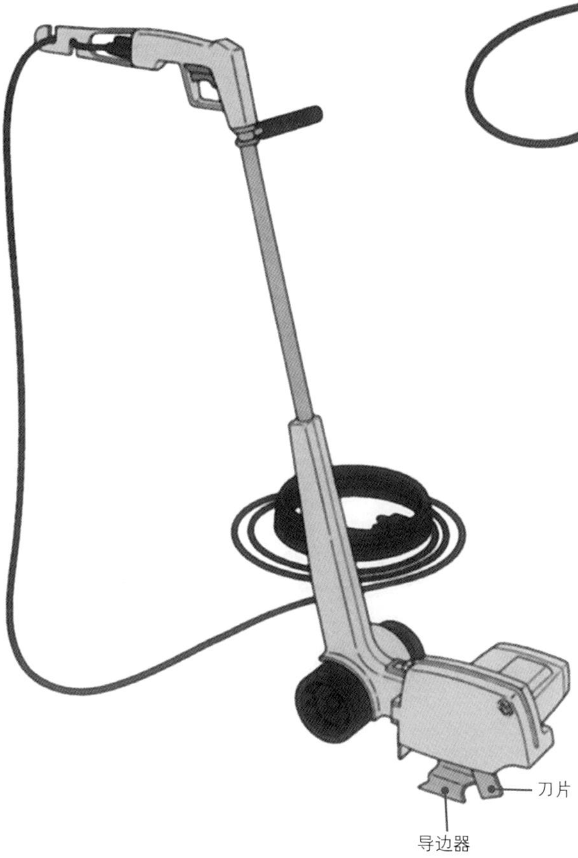

动力剪边器

用电动或油动的剪边器沿着步道或车道修剪，为草坪打造整洁外观。金属导边器能防止机器偏离轨道，旋转刀片能沿着边缘挖一条浅浅的凹槽。

刀片

导边器

如何修剪草坪

设定刀片高度

将草坪割草机推至车道或人行道，断开火花塞线。（电动型号割草机请断开插头。）把手伸进出料槽，旋转刀片，让刀片的一端向你倾斜，然后测量从刀片到地面的距离。移动调整高度的控制杆（如右图），抬高或降低底座直至刀片达到所需高度——通常为2.5～5.0cm。

底座

火花塞线

调整高度的控制杆

修剪平整草坪和斜坡草坪

修剪平整的草坪时，可以自行选择修剪的路线模式。但无论是在草坪上前后直线式前进，还是如左图般螺旋式前进，请牢记割草会影响草生长的方向和倾斜的方向。为了防止草坪上出现条形，请在下一次割草时改变路线模式。想安全地在斜坡处割草（如下图），应该从坡顶开始割，然后操纵手推式割草机按平行的路线模式割草。使用乘坐式割草机平行地上下斜坡修剪草坪最为稳妥。

环绕障碍物修剪

让动力打边机的刀头与地面平行，高于土壤 2.5cm 左右，将切割器平稳的前后推移，向障碍物方向前进。

修剪整齐边缘

沿着人行道、车道、花床较短的边缘修剪时，使用手动旋转式剪边器就足够了。但对较大的工程而言，则需要动力剪边器（如右图）。如果剪边器的刀片可以调整，将它设定至所需高度。然后摆好剪边器，让轮子紧贴坚实的地面。打开机器，步伐稳定地向前，将导边器压向路面边缘。

导边器

选对洒水器

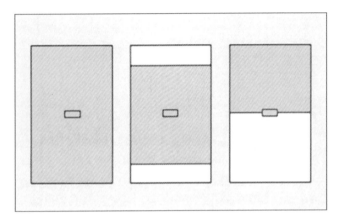

摆动式洒水器

摆动式洒水器以花园浇水软管内的水压为动力，能均匀浸透长方形草地。穿孔弧形横挡在整个弧形或部分弧形间来回摆荡。横挡底部的控制器能够自行设定，让洒水器浇灌整片草坪、草坪中心或半边草坪（如左图阴影区域所示）。

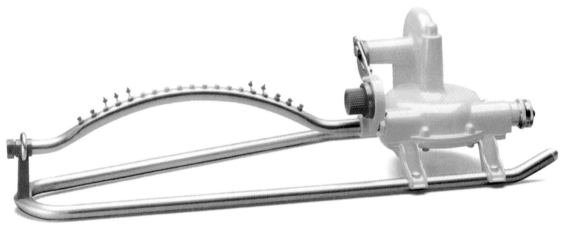

测试洒水器覆盖面积

为了检测洒水器的水量和水的分布，需要在洒水器能浇灌到的所有区域均匀放置一些浅容器，例如空罐头瓶。然后在每天浇灌草坪的时间打开洒水器一小时。一小时应该能收集 2.5cm 高的水，每个罐子里的水量应该大致相等。

浇水过后 24 小时，将螺丝刀尖插入草坪，测试透水力。如果螺丝刀尖还没插至 15cm 就感到有阻力，应延长浇灌时间。

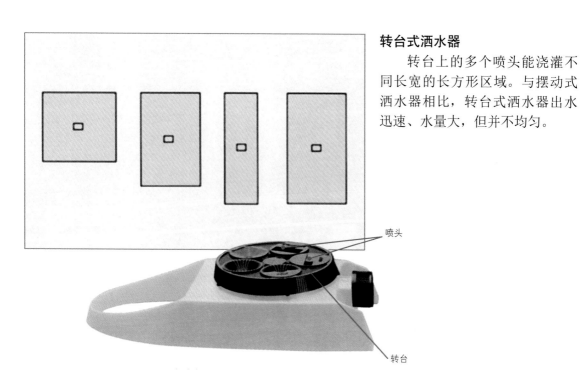

转台式洒水器

转台上的多个喷头能浇灌不同长宽的长方形区域。与摆动式洒水器相比，转台式洒水器出水迅速、水量大，但并不均匀。

喷头

转台

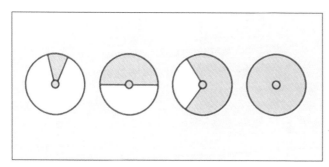

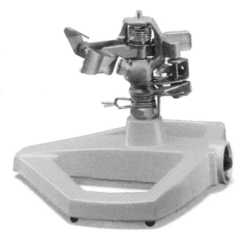

脉冲式洒水器

脉冲式洒水器的喷头能浇灌圆形区域，也可以调整为浇灌小片扇形区域。喷头持续运转，防止积水。从适合小片区域的细腻的水雾到适合长距离大水量的水柱以及水流大小都可以按照需求调整。

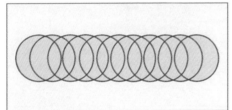

移动式洒水器

　　这款自行式洒水器适合浇灌狭长形草坪。它以自身的胶管为轨道，沿着路线前进，也适用于上坡。而它的旋转喷头能浸润草地。右图所示的这款移动式洒水器将胶管拖在身后，其他型号则是在草坪中前进的同时卷入余下的胶管。

浇水软管

　　浇水软管的顶部有微小的孔，可以喷出细腻的水雾。灵活的浇水软管尤其适合非常狭窄的区域。它同样适用于不规则区域（如左图）。

使用肥料

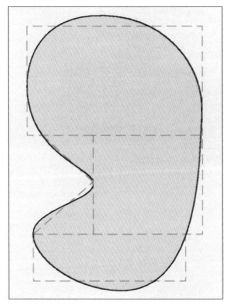

计算用量

为了明确草坪需要多少肥料，可以将草地大致分割为一些几何形区域，例如长方形、圆形、三角形（如上图）。计算每个区域所需要的肥料数量，然后将所得数据相加。该预估值中，草坪外部的小片区域可以与几何形规划区所未覆盖的草地区域相抵消。

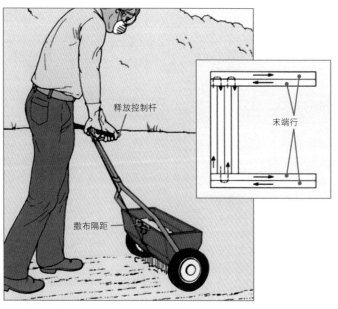

释放控制杆

末端行

撒布隔距

使用槽式撒布机

根据肥料包装上的指导说明设定撒布隔距。在草坪一角，用释放控制杆打开槽箱，然后直接以均匀适中的速度沿着草坪一侧开始向前走。走到最远端时关上槽箱，避免肥料过多烧坏草地。调转撒布机并调整位置，让它紧贴第一条撒布路线，但又不与第一条路线重叠。打开槽箱，开始在第二条路线上撒布肥料，在草坪相对的两端形成相似的两排（如嵌图）。继续在末端行之间垂直撒布肥料，注意不要在一个地方重复施肥。

肥料要素

草坪肥料有液体、球粒体、颗粒体等形态，标签上的三个数字代码标记了氮、磷、钾的含量。打个比方，常见的 10-6-4 表示肥料中 10% 为氮，6% 为磷，4% 为钾。每年做一次土壤测试（第 37 页），检测土壤是否缺乏这三种矿物质，如果土壤缺乏其中之一，就使用所缺成分含量较高的那种肥料。

液体肥料易于使用，但土壤会迅速滤去它的营养成分，因此必须频繁地施肥。虽然长效型球粒体的效能可以长达 6 个月或更久，但它们价格昂贵，而且起效慢。干燥颗粒体肥料是更常见的选择，因为它起效快、可靠性强，价格相对实惠。

使用撒播式撒布机

　　根据肥料说明调整撒布机，然后从草坪一角开始施肥，匀速推动撒布机向前，每侧撒 0.9 ～ 1.2m 肥料。以平行宽线路在草坪上来回施肥。确保覆盖每条路线边缘，这些地方的肥料容易不够密集，施肥应重叠 30cm。尽量贴近角落和边界，让肥料彻底覆盖这些区域。在与第一次施肥路线相垂直的方向重复以上步骤（如嵌图）。

> **注意**
>
> 　　肥料、除草剂、其他化学剂接触皮肤时会对皮肤产生伤害。仔细阅读肥料标签，遵循推荐的建议。除了穿长裤和长袖衬衫，还建议佩戴橡胶手套以及面部防护用具，防尘面罩能隔离干燥肥料颗粒。

局部处理单独的杂草

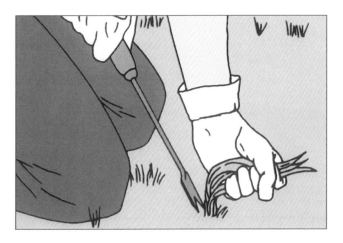

除草叉

　　如果杂草周围的土壤很硬，可以浇几天水软化土地。一只手抓杂草，另一只手将除草叉沿着草的主根插入土地 7 ～ 10cm。如果是特别顽固的野草，可以用除草叉在它周围深挖，尽量不要撕裂草叶或破坏草根。用除草叉撬动杂草周边的土块，让其根部从土中松开，然后轻轻拉起整捆草叶，将杂草完整地连根拔起。在移除杂草后留下的洞里撒播一些草种。

喷雾枪

握住除草剂瓶身，从杂草上方直接将喷雾喷在植物中央，覆盖叶片和主茎。2～4周后等杂草枯萎死亡，再清除它们。

除草剂清单

✓ 除草剂尽量只用于单株植物而非整块地，除非那块地受杂草影响非常严重。

✓ 在平静无风的日子喷除草剂。

✓ 让杂草表面最大程度地接触除草剂，并且至少要等到使用化学产品的两天以后再割草。

✓ 防止除草剂的残余物接触到庭院使用的或环绕灌木的覆盖物和堆肥。

✓ 遵守第54页的注意事项。

如何大面积喷洒除草剂

使用加压喷雾剂

沿着杂草丛生的区域的一端，将两条平行细绳系在木桩上，标记出2.7m宽的长方形区域。在手动泵顶部压几下，为喷雾瓶加压，然后在细绳围起的范围内喷洒除草剂。手持喷雾棒，在草坪上方30cm处喷洒除草剂，平稳地移动喷雾棒，喷洒轻量均匀的除草剂。移走一条绳子，标记相邻区域，然后重复以上步骤。继续在长方形区域间喷洒除草剂，直至覆盖整块草地。

使用浇水软管

　　查阅除草剂上的标签，确定一瓶除草剂能覆盖多大面积的草地，用细绳和木桩标记好区域，然后在这块地中间拉一条细绳，将该区域一分为二。按照标签说明混合好除草剂和水，将混合液装入喷瓶里，把喷嘴旋入浇水软管，再把喷瓶与喷嘴相连。打开浇水软管，根据型号的不同，选择用大拇指堵住空气虹吸或扣下扳机，开始喷射除草剂。在细绳一侧均匀喷射一半的除草剂，剩余的一半用于庭院的另一侧。

在空地上重新播种

准备土壤

用翻土叉在地里翻土，往下挖 12 ～ 15cm 深。移走 7cm 深的土壤，将剩余土块捣松。撒少量草坪肥料，加 7cm 污泥堆肥或泥煤苔，然后用翻土叉将它们与下层的土壤彻底混合。用脚踩实地面，让这些土与周围齐平。如有必要调整土壤高度，可以移走部分混合土壤，也可以用从该区域移走的 7cm 土进行填充，夯实地面，并用庭院钉耙的背面整平土壤表面。

在小面积土地上重新播种

用大拇指和食指在小块土地上撒播草籽，间隔 3mm。用草耙将草籽耙入土壤 3mm 深，然后用锄头背部轻轻夯实土壤。在小块土地上覆盖一层稀疏的稻草——露出一半的土地——防止草籽被小鸟吃掉，或被风吹走，再用浇水软管为该区域喷一些水雾。

切割杂草层

检查杂草层

　　将园艺泥铲插入草坪，从狭缝处把草皮拉起，露出草层、根层、土壤层（如右图）。检查有盘缠交错的根和死草的那层，它介于绿草层和土壤层之间（如右上嵌图）。如果这层厚于 1.3cm，就要清除草坪上的杂草。

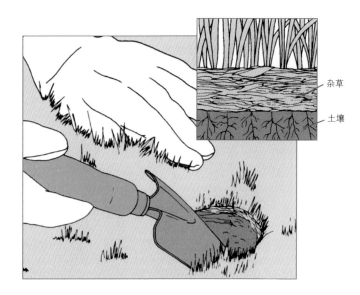

杂草

土壤

杂草

离合器

刀片高度控制杆

调整旋钮

去除草坪杂草

　　如果草坪面积比较小，可以用杂草耙耙出60cm 宽的小道（如左上图）。手持杂草耙，与地面呈 30° 角，将耙齿压入杂草里并拖行。如果所需除草面积比较大，可以租一台自行式动力除杂草机（如右上图）。将除杂草机推到草坪中央，拉起高度控制杆，放下刀片插入杂草里，然后旋转调整旋钮，直至刀片完全插进土里。打开离合器，推着机器在草坪上前进。沿用之前修剪草坪的路线模式（第 48 页），但不要重复在同一排除草。最后用灵活的草耙移除杂草。

捣散紧实土壤

离合器控制杆

打孔滚筒

给草坪通气

在计划给草坪通气的前一天，应事先修剪草坪，并用洒水器浸润地面。对面积较小草坪而言，可以将带三四个插齿的通气叉插入地面，间隔为15cm。如果土壤太紧，可以挖一条较浅的小道，再次浸润草坪，然后使用通气叉。先沿着轮廓的一边操作，再以与这条边平行的线路给其余区域通气，让通气孔遍布地面。对面积较大的草坪而言，可以租借一台动力通气机（如右上图）。从草坪中央开始，发动通气机引擎，松开离合器为机器热身。拉紧离合器，发动打孔滚筒，引导通气机按修剪草坪的路线前进，但不要在任何地方重复打孔。遇到特别坚实的土地，可能需要加强穿透力，可以在打孔滚筒里加水。如果机器有配备增重砝码，也可以给机器增加砝码，或两种方式双管齐下。

打散硬土块

对面积较小的草坪而言，可以使用庭院钉耙的背面来打散硬土块（如左图），并铺上一层约1.3cm厚的污泥堆肥或其他土壤改良剂，填满地面上的孔。给草坪彻底地浇水。对面积较大的草坪而言，可以在草坪上拖拽一片锁链状的耙子来捣散草坪——人力拖拽或将耙子连在草坪拖拉机上拖拽均可。

铺设新草坪

无论是在空地铺设新草坪，还是用新草坪替换已经杂草丛生的旧草坪，都要从零做起。尽管铺设新草坪并不复杂，但整个过程离不开精密的计划与辛勤的劳作。

选对草坪用草类型

在草坪上种植什么类型的草主要取决于当地气候。冷季型草之所以叫冷季型草是因为它们在春秋两季气温较低时迅速生长，在相对较短的炎热夏季凋萎，北方的气候更适合它们。南方的气候则更适合暖季型草，它们在漫长夏季的热力中茂盛生长，在寒冷的冬季进入休眠期。对气候变化较大的地区而言，混合种植冷季型草和暖季型草的效果最好。

对照第 263 页和第 264 页的草类表格，了解草类的其他特性，例如颜色、肌理、耐旱性等，这些都是选择种植草类的时候需要考虑的因素。

工具	材料
■ 草皮切割机	■ 稻草
■ 草地深松机	■ 9cm 钉子
■ 庭院钉耙	■ 2×4 规格 2.4m 长木料
■ 草坪滚压机	
■ 送料斗	■ 2×2 规格 1.8m 长木料
■ 撒布机	
■ 草耙	■ 2 根 1×2 规格 90cm 长木料
■ 庭院锄头	
■ 塞植法填充物	
■ 打夯机	

选择种植方式

如何种植新草坪主要取决于你计划种植哪种草，以及你所期望的草坪建成的速度。

播种（第 62 页）是种植草坪花费最小的方式，可选择的草类也最为丰富。但这种种植方式的草坪建成速度也是最慢的，因为在植物开始蔓延、填满草地之前，需要等它们先发芽。对暖季型草和不产籽的不育杂种草而言，可以选择幼苗移植法（第 63 页）和塞植法（第 64 页）。选用幼苗移植法和塞植法填满草坪的速度通常比在草坪上播种更快，同时它们也更强壮一些。选择幼苗移植法和塞植法时，分散种植的成熟植物会抽出新枝，填补相互间的空隙。

铺设草皮是种植新草坪最快且最贵的方式，它直接把完全长成的长方形草皮铺在空地上（第 66 页）。收割草皮后的 36 小时内必须铺好，因此要在到货日期之前准备好场地。对面积较大的草坪而言，可以考虑分期送货，防止草皮在种植前枯死。

准备场地

无论选择哪种种植方式，都必须认真准备坪床（如下页图）。在替换长满杂草的草坪之前，先按产品说明使用内吸收性除草剂杀死所有植物。然后根据产品说明的指导，在再次种植前让化学成分彻底消散。用草皮切割机移走旧草皮，准备好并整平坪床（第 61 ~ 62 页）。

准备坪床

整平土地

　　翻松坪床，然后用钉耙耙地，清除石头和其他残余物。检查房子周边及院子其余区域的斜坡是否缓和，以及排水是否良好（第24～28页），如果有必要请自行调整。测试土壤，按需添加改良剂（第36～37页），将它们彻底翻进土里。再次耙地，清除所有剩余的岩石碎屑及坚硬土块。

滚压土地

拿开草坪滚压机桶身上的填充塞，往桶里装水至桶身的一半，增加滚压机的重量。以平行方向推动滚压机穿过并压平坪床，然后再从与第一次路线垂直的方向滚压一遍。填满滚压后暴露出来的凹点，填充后用钉耙耙平，然后再一次滚压整个坪床。

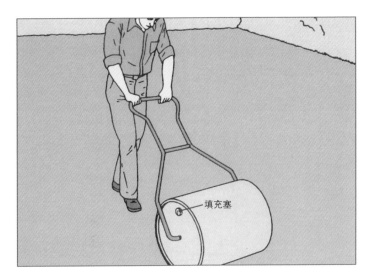

填充塞

播种法

用送料斗播种

确认整片区域所需种子的正确数量（参考第263～264页表格），然后将整片区域分为同样大小的两个部分。不要试图播种超过推荐量的种子来达到加速生长的目的。以平行路线在地里慢慢走，旋转曲柄让种子从送料斗里撒出，直至用一半的种子覆盖整片区域。然后从与第一次线路垂直的方向开始走，撒播剩下的那一半种子。如果希望种子均匀覆盖整片区域，请使用机械撒布机，播种线路同上。用草耙轻轻耙地，将种子混入土壤里，然后用半满的草坪滚压机滚压土地，确保种子与土壤充分接触。

覆盖与浇水

为坪床铺上干净的稻草，以透过稻草能看到一半的土地的程度为佳。喷洒水雾至能浸润土壤即可，不要形成水坑或水流。保持土壤湿润直至种子发芽，需要大约 2～3 周，具体时间取决于草坪用草的种类和生长环境，然后每天浇水一次，直至幼苗长到 1.3cm 高。之后，尽可能频繁地浇水，防止草坪变干。在草坪草长至 7.5cm 高之前，不要修剪新草，也不要践踏新草。在那段时间，可以把稻草耙开，也可以把稻草继续留在那里，让它们分解后化作肥料。

幼苗移植法

犁地

准备好坪床后（第 61～62 页），用水浸润坪床，让水渗透 24 小时。用庭院锄头的一角在地上划割出一排排 7～10cm 深的直线犁沟，间距为 15～30cm。

草苗

布置草苗

在每条犁沟里按 15 ～ 30cm 的间距放置草苗，从犁沟的底部到顶部将它们倾斜插入土中（如右图）。种植的越紧密，草坪就能越快长满。用双手轻轻压在草苗根部，每根草苗都应有些叶片露出地面。种植完所有草苗后，保持草坪湿润直至草苗完全扎根，然后用给成熟草坪浇水的方式来浇灌这些草苗。

塞植法

用塞植法种植

准备坪床（第 61 ～ 62 页），彻底浸润土壤，种植前让水渗透 24 小时。标记好每个草皮柱坑洞的位置，按照所选草坪用草品种的建议种植间距将它们间隔开来。用草皮柱坑洞挖掘器来制作草皮柱坑洞。将踏杆踩至地面，手柄旋转 1/4 圈。拿起草皮柱坑洞挖掘器，取出里面的硬土，倒在地面上。

塞植间隔工具

草皮柱的间距应为 30 ~ 45cm。可以使用右图所示的自制间隔工具，在选址上标记精确的种植网格。想要制作间隔工具，将 9cm 的钉子钉在 2×4 规格的木条上，间距可自行选择。然后用两条 90cm 长的 1×2 规格木条抵住 1.8m 长的 2×2 规格木条，作为手柄。在选址土地上纵向拖拽该工具，在土地上划出平行的线条，接着在选址土地上横向再拖拽一次，形成网格。在每个交叉点处种植草皮柱。

种植草皮柱

用水填充草皮柱坑洞，等水彻底排干。如果草皮柱为正方体（如图），可以用手把它们轻拢成适合的形状再填入洞里。每个洞塞入一个草皮柱。用前脚掌轻踩每个草皮柱，甚至可让它沾上一些周边的土壤。用庭院钉耙捣散硬土块。使用草耙整平草皮柱之间的地面，消除脚印。每天都为该区域浇水，持续两周。接下来的一个月，两天浇一次水，直至草皮柱完全扎根。草皮柱扎根后，定期浇水、修剪，以刺激草的生长。

草皮柱

直接铺设草皮

放置草皮

　　根据第 61 页和第 62 页的指导内容来准备坪床。使坪床比所有相邻步道、车道、露台都低 2.5cm。在放置草皮的一两天前浸润土地，保持坪床在放置草皮时湿润但不泥泞。沿直线放置第一条草皮，也可以借助木桩和细绳让每条草皮看起来更统一。轻轻铺开草皮，避免弄坏草皮的边角。如果哪块草皮看起来不平坦，可以先将它卷起，然后重新夷平草皮下的地面。放置其余草皮时，在新铺好的草皮上放一块胶合板或板材，然后跪在上面，避免给新草皮造成压痕。如上图所示，将草皮尽可能紧密地对接在一起，并错开它们之间的衔接点。在每条小道的末端，用锋利的刀切掉多余的草皮（如右上图），用这些余料来填补选址土地周围形状不规则的地面。

建立根部联系

　　将草皮牢牢压实在坪床上，也可以用空的草坪滚压机滚压草皮。连续两周，每天为新草皮浇水。每条道末端的小块草皮可能会比整片草皮干得更快，需要更频繁地浇水。两周后，试着通过提拉草叶来提起一片草皮。这时，如果草皮已经扎根，草叶就会被撕裂，可以开始减少浇水量。否则，请再次夯实那块草皮，继续每天浇水，几天后再测试一次。

种植地被植物

地被植物能完美地解决问题。许多地被植物能在草叶不生的地方茂盛生长。地被植物的色彩、叶片、花朵选择丰富，能打破空地的单调感，在低矮草叶和高大灌木之间起到过渡作用。在坡侧种植地被植物，能减少在斜坡修剪草坪的危险，还能防止坡侧土壤侵蚀。

种植

许多地被植物都可以通过播种种植，但大部分人会选择从已长成的植物上扦插，或将大型植物分解为小型植物，请参考第 72 ~ 73 页。如果你自己的院子里或邻居的院子里有一块地被植物，就可以使用这些方式。除此之外，也有不成熟形态的地被植物以每批 50 株以上的数量售卖。这种情况下，它们会短暂扎根于名为浅苗床的浅盘里进行保存。

第 265 ~ 267 页的表格整理了一些地被植物的信息，包括它们的特殊生长需求等。种植前应先了解用某种具体植物覆盖计划区域所需的数量。种植之前，用一层切碎的松树皮覆盖该区域，控制野草生长。即便如此，第一年还是需要经常除草。

解决斜坡问题

为了防止雨水冲刷坡下易于被侵蚀的新种地被植物，必须长时间稳定土壤，直至地被植物能蔓延长开。编织宽松、可生物降解的黄麻网尤为合适（第 70 页）。它不会限制植物生长，也不会阻碍水分和营养到达植物根部。6 ~ 9 个月内，黄麻网开始分解，2 年后完全消失。

控制蔓延

地被植物稳定后，可能会开始猖獗蔓延。通过修剪可以抑制蔓生植物的蔓延。用修枝剪将蔓生植物修剪至离主茎 3 或 4 个节点处——节点就是叶片与根茎相连的地方。至于那些通过根系来扩大覆盖范围的植物，则可以沿着坪床边界修剪根部，暂时性地控制住它们（第 73 页）。但如果想要永久性地解决这个问题，则需要安装镶边。无论何时，当地被植物开始冒出坪床或花床，都要立刻除去多余的部分，以免它变得无法控制。

工具	材料
▪ 园艺泥铲	▪ 覆盖物
▪ 锤子	▪ 黄麻网
▪ 砖石泥铲	▪ 草皮钉
▪ 手持叉	▪ 浅苗床
▪ 铁锹	▪ 植物激素粉
▪ 除草叉	▪ 生根培养基
	▪ 玻璃板或透明塑料板

种植技术

分离植株

　　从浅苗床上一次移走 6 棵或更少的植株和生根培养基。用手指分离植株（如上图），小心不要伤到植物根部。移走后立刻把植物种到地里。

放置植物

　　将园艺泥铲穿过覆盖物插入土里，然后把泥铲向自己的方向铲，在地上开一个小口，形成栽植穴。用泥铲挡住土，把植物放入栽植穴里，把 6mm的根茎插入地面（如左图），用泥铲轻轻地往穴里填土。

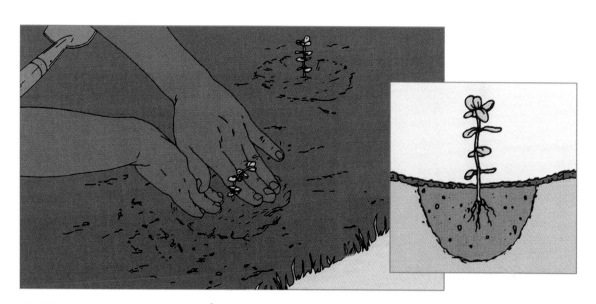

夯实土地

　　用手指抚平土地和覆盖物，轻拍根茎周围的覆盖物，略微压实土壤以便锁水（如右上图）。完成种植浅苗床上其余的植物后，用草坪洒水器或浇水软管喷洒细腻水雾，至少浇水一个半小时。连续一个月，隔天为新植物浇水。

稳固斜坡

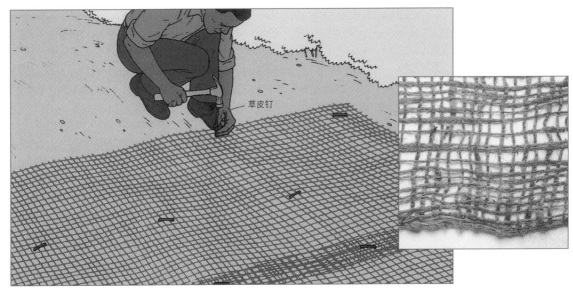

草皮钉

用黄麻网支撑植物

　　剥离所有草皮，如有必要可以调整斜坡，准备好种植土壤。从坡底开始，在斜坡上铺黄麻网。将两张黄麻网重叠 20cm，用草皮钉固定（如上图）。用 2.5cm 厚的覆盖物覆盖地面。使用砖石泥铲为植物挖洞，错落地挖洞能防止水从坡上直接流下。种好植物后，用手在每根茎较低的一侧按一个凹口，防止水形成径流，然后浇水。

扦插繁殖

获得插枝

　　从主茎上剪下 7.5 ～ 15cm 的插枝，或从完全长成的植物上剪下整条侧茎。茎应包含 3 ～ 5 个节点。用锋利的刀从节点下方干净利落地斜切下去（如右图）。

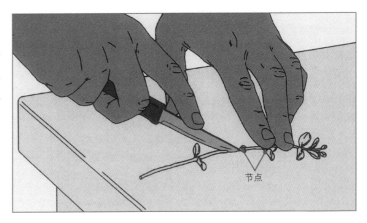

节点

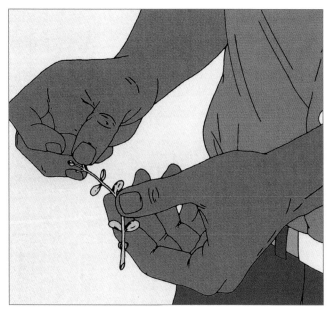

准备扦插植物

掐掉根茎上的花或种穗（如左图）。如果继续留着它们，会分走根部的营养成分，而这些营养成分能在切口处形成插枝。剪掉切口底部的叶子后，就不会有叶片被埋在土里。让切掉的根茎末端略微干燥。如果叶片开始枯萎，可以将叶片放在潮湿的毛巾上。

种植扦插植物

用湿润的生根培养基，比如同等分量的沙和泥煤苔的混合物，填充浅苗床至离顶部 2.5cm 左右。用木棍或铅笔在生根培养基上戳洞，深至能覆盖扦插植物 2～3 个节点即可。将每根扦插植物的末端沾上植物激素粉，刺激植物根部生长。植物激素粉一般在园艺品店有售。将扦插植物放入洞里，在周围夯实生根培养基。种植完所有扦插植物之后，在整片浅苗床缓慢、彻底地浇水。把玻璃板或透明塑料板覆盖在浅苗床上保护幼株，直至它们可以适应户外环境。将它们存放在温暖的房间，避开阳光直射。等这些扦插植物长出新叶片后就可以移植了（第69页）。

通过分离植物增加植物数量

将植物连根拔起

在分离植物的前几天给植物充分浇水，软化土地。使用手持叉或翻土叉，挖起包含 8～12 株新植物的植物丛。抬起植物丛，用空余的那只手把植物从叉子上连根移走（如右图）。

分离植物

将植物丛上的土摇掉或冲掉，露出根部，然后小心地将每株植物分开（如左图）。扔掉枯萎和发黄的植物后，将两三株带茎植物放回原来的洞里，其余的则放在新洞里，然后彻底地浇水。

控制地被植物的蔓延

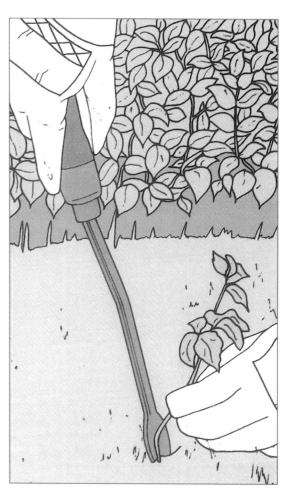

处理入侵植物

    对富贵草和常春藤等深根植物而言，可以沿着地被植物坪床的边缘，将铁锹直接插入土里直至植物根部，通常为 15 ～ 20cm（如左上图）。如果地被植物开始冒出坪床或花床，可以用除草叉手动清除。一手抓住地被植物的底部，另一手将除草叉沿着植物根部插入土里（如右上图），然后将植物撬出地面。

第三章

灌木与乔木

灌木和它们高大的表亲——乔木，都能创造出丰富的视觉盛宴，它们同样具有实用价值。树木可以为平台或露台遮阴，灌木可以充当鲜活的隐私屏障、步道与花床的边界或防风墙。种植或移植灌木与树木并不难，通过使用常规的修枝和施肥方法，就能让这些庄严的观赏植物健康生长。

树木长大后太过贴近栅栏，可能会影响美观。务必在种植前考虑好成熟树木的尺寸。

灌木能增加花园的视觉重量，让花园显得内容层次丰富。

覆盖物能帮助树木保持水分，让修剪工作更加容易。而一旦覆盖物接触树皮或形成"火山堆"时则对树木有害。

随意生长的小灌木与其他植物完美混搭，形成易养护又美观的景致。

乔木和较大的有造型感的灌木让房屋显得贵气逼人。

灌木：美观且百搭

灌木是最百搭的风景元素。稍微整枝、修剪后，灌木就能为庭院增添各式各样的形态和纹理（如下页图）。

基础灌木养护

春夏两季，每两周给灌木长时间且缓慢地浇水一次，干旱期每 7～10 天浇一次水。在春季速长期之前给灌木施肥。如果在冬季速长期之后施肥，会刺激灌木长出新枝，导致它们在冬季挨冻。

将切碎的松树皮或其他有机覆盖物撒在灌木周围，除了能帮助树根抵御严冬和酷暑，还能抑制杂草。在春秋两季更换新的覆盖物。

剪枝的作用

剪枝比许多其他任务更重要，它能减少损坏的树枝、染病的树枝、交叉的树枝——交叉的树枝会相互摩擦导致枝干磨损，让植物易受感染。剪枝还能刺激植物长出新枝，促进植物开花结果。此外，剪枝还能保证灌木不长出界、外观更有型。

灌木每年需要修剪几次。春季轻度修剪能清除冬季受损的枝干。对杜鹃花等在老枝上开花的灌木而言，应等到花朵凋谢再剪枝。其他大部分灌木整个冬季都可以修剪，也可以在仲春之前或夏季开花之后进行修剪。

夏季则需要两周修剪一次。在灌木开花后，剪掉 1/3 的触地老枝，这样每株植物三年左右就能更新一轮。

防冻

有些灌木需要防风、防寒、防雪。在种植前应先了解清楚所种植物在过冬时需要的保护措施。第 84 页罗列了保护灌木的有效方式。最好的做法就是在灌木第一次受冻之前做好防冻工作。

厚厚的湿雪对常绿植物的伤害尤其严重。暴风雪过后，要轻轻把雪推开，小心不要压断树枝。

工具	材料
■ 修枝剪	■ 覆盖物
■ 树剪	■ 化肥
■ 修枝锯	■ 粗麻布
■ 绿篱修剪机	■ 绳
■ 篱笆剪	■ 2×3 规格木料
■ 行动锄头	■ 1×4 规格木料
■ 喷洒器延伸器	■ 75mm 钉子
■ 浇水软管	■ 木桩与细绳
■ 钉枪	
■ 锯子	
■ 锤子	

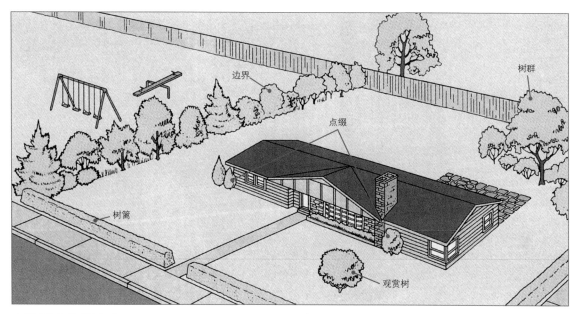

边界

树群

点缀

树篱

观赏树

在园景中使用灌木

　　根据种植位置和组合方式的不同，灌木能创造出丰富的庭院景观。灌木除了具有视觉上的吸引力，还能充当绿篱或屏障，挡住垃圾桶和堆肥区。在选择灌木品种和种植位置时，必须考虑到它们会与房屋构成什么样的视觉效果。景观设计师将颜色和形状特别或季节性开花的单株灌木称为观赏灌木。

　　用许多尺寸各异、颜色各异的灌木组成灌木丛，也可以搭配树木。布局巧妙的灌木与建筑相互衬托或相辅相成，这样的灌木被称为点缀。一排紧挨着种植的单株灌木形成的树篱，能很好地衬托建筑线条，还能保护隐私。树木与灌木的组合构成非正式的庭院边界，呈现多变且有对比效果的色彩和纹理。

剪枝

剪枝能促进生长

　　为了刺激灌木的稀疏部位长出新枝，抓起略低于侧芽的枝干——即从枝干侧边长出的芽，手持修枝剪，从45°剪下去。将枝干剪至萌芽上方6mm处，小心不要损伤萌芽（如下方小图）。

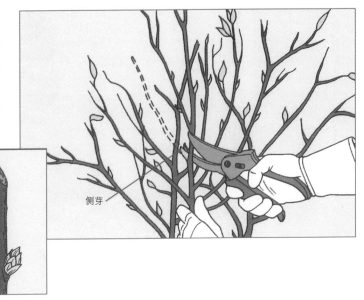

侧芽

剪除损伤枝干

　　剪掉损伤枝干或感染病虫害的病枝，留下健康枝干。修剪这类枝干时，可以剪至侧芽上方的节点处，也可以剪至最近的健康根茎处（如左图）。剪掉受感染的枝干后，应用酒精清洁修枝剪的刀片，避免感染其他植物。

修剪灌木使之健康透光

每年生长期后，要修剪灌木的外侧枝。彻底剪掉所有枯枝、怪枝，以及与其他枝干交错的枝干。修剪主茎上的独立枝干，以及靠近地面的主茎（如左图）。为了让第二年春季的阳光能照射到新芽和新叶上，还要剪掉1/3的最老的茎干。

修剪玫瑰的正确方式

每年秋季——在最后一朵花枯萎之后、第一场霜冻降临之前，剪掉所有枯枝、小嫩枝、交叉枝，接着再剪掉每根主枝干长度的1/3（如左上图）。春季时，剪掉所有被冬季低温、雨雪损伤的茎干，然后将所有健康的枝干剪至粗细在1cm以上的节点处（如右上图）。春季修剪后，灌木应呈现紧凑的碗形。在生长季节，要定期剪掉所有枯枝、坏枝、小枝。

修剪树篱

　　想要修剪出较规整的树篱，可以在树篱两端的栏杆之间拉一条细绳作为修剪参照。为了加快修剪速度，可以使用电力树篱修剪机，将它举至细绳的高度。在树篱顶部拉动修剪机，小心不要把工具的尖头戳进树篱里。除此之外，还可以使用右下小图中的树篱剪。如果树篱空隙之间长了长枝，要用修枝剪将它剪掉，这样才能刺激树篱长得更茂密，直至填满整个空隙。修剪非正式的、相对不规则的树篱与修剪灌木一样，试着使用修枝剪打造出天然羽状外观。切记，修剪任何生长较快的枝干时都要格外小心。无论正式还是非正式的树篱，顶部都应该比底部窄，这样才能让阳光照到树篱底部。修剪树篱后，用力摇晃出修剪残余物，然后把它们清理掉。

维护灌木健康的常规护理

翻搅土地

　　耕作灌木苗床周围的土壤能让除草变得更简单、浇水变得更有效。使用锄头（如左图）翻松野草、捣散紧实的土地。将锄头插入土地5cm，如果碰到了灌木根可以浅一些，然后以与表面平行的方向来回耙。给苗床除完杂草后，再用锄头整平土地，最后浇水或添加覆盖物。

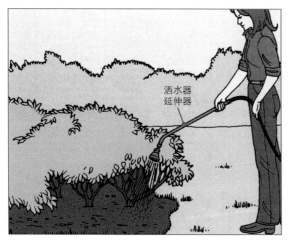

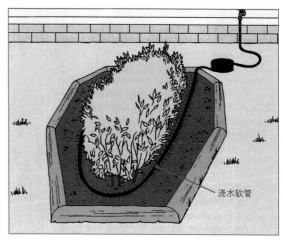

洒水器
延伸器

浇水软管

给根部浇水

　　给观赏植物和小灌木丛浇水的最佳方式是使用洒水器延伸器（如左上图）。这种带细孔喷嘴的手杖式装备能让你直接给灌木底部浇水。对较大的灌木丛和树篱而言，可以用浇水软管（如右上图）环绕苗床浇水。为灌木浇水至少要持续 10 分钟，或者至少要等到土地彻底湿润为止。如果地面上形成了水坑就说明水浇得太多了，这样会损害植物根部，应立即停止浇水。

铺撒覆盖物

　　一年应当进行两次，耙走灌木周围的旧覆盖物，更换新覆盖物。在春季，可以均匀地铺撒一层约 5cm 厚的浓密物质，例如木屑或碾碎的树皮。仅使用陈年覆盖物，因为新的木屑和树皮会滤走土壤里宝贵的氮元素，切记不要让覆盖物接触到植物根茎，因为覆盖物中的水分会产生霉菌、导致虫害、引起根部腐烂。在第一场霜冻之前，可以铺上约 7.5cm 厚的松针或橡树叶给苗床保暖。

抗寒对策

防风防雪

第一场霜冻来临之前，用常绿树的枝叶覆盖矮生灌木（如左上图），或在矮生灌木上铺双倍厚的粗麻布，并把粗麻布钉在地上。如需保护较高的灌木不被强风摧残，可以用木桩和粗麻布搭建一个与灌木同高的遮棚（如上中图）。首先，在植物周围钉入几根木桩，将植物紧紧围住，然后将粗麻布钉在木桩上。为了防止厚厚的湿雪把枝干压断，可以用绳缠绕常绿植物。用绳环绕灌木底部，然后紧紧围裹住枝叶使其向上（如上右图）。在植物顶端用绳再打一个绳圈系紧。

屋檐遮棚

用 2×3 规格木料搭建的斜遮棚能防止从屋檐上滑下的雪伤害到灌木。砍一对 2×3 规格、至少比灌木高出 60cm 的支柱，将它们钉入房子旁边空地里，进入地面 30cm 以上。在灌木前方，钉入比墙边支柱短 30cm 的支柱。将 2×3 规格的交叉木板固定在每组支柱上，然后如右图图示，将 1×4 规格的棚盖固定在交叉木板上。

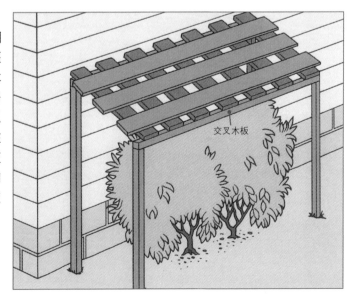

交叉木板

将灌木移到新位置

通常，随着庭院改造计划的完善和成熟，抛弃或移植旧灌木、种植新灌木的需求会相应增加。接下来将为大家介绍完成这些任务所需要的技术。

时机与准备

移走老灌木和种植新灌木最好在早春或秋季进行。移植灌木的几天前，应该给它大量浇水，软化灌木根部周围的土壤，然后按下文所示步骤继续操作。手持防水布来移动灌木更加轻松，而且能防止土壤掉入草坪。

购买灌木

从苗圃中心购买开花灌木，比如杜鹃花和月桂，可以通过压条法进行繁殖（第92页），新灌木主要来自苗圃中心。新灌木有三种形式：球状土壤包裹根部再裹上粗麻布的灌木、扎根于塑料容器的成熟灌木、根部裸露的灌木。

选择健康的植物

选择适合当地气候和土壤的灌木（参考附录），仔细检查灌木的情况。未受损的健康树皮、色彩鲜亮的树叶、形状较好且在主干上枝干布局均匀，以上都是挑选耐寒型观赏灌木的标志性特征。不要选择枝干断裂、树皮擦伤、浅色叶片、在干燥土壤里生长的植物。

购买时请工作人员展示容器培植植物的根部。寻找并选择根团底部根系较粗的植物。不要选择根部缠绕根团或从顶部突出的植物——这说明根已经没有发展空间了。健康的麻布捆扎球根的灌木根团较扎实、带湿润土壤、无杂草。裸根植物的挑选标准则是无受损、无异味、色彩统一。

如果可以，请在购买后立即种植灌木，或将它存放在阴凉处，并保持根部湿润。如果无法在一周内种植裸根灌木，请把它埋在浅槽里，并在最终种植之前持续浇水，保持植株湿润。

工具	材料
■ 修枝剪	■ 塑料布
■ 鹤嘴锄	■ 绳
■ 铁锹	■ 防水布
■ 挖地木条	■ 粗麻布
■ 园艺叉	■ 泥煤苔
■ 园艺泥铲	■ 沙土
	■ 肥料
	■ 生根粉

丢弃不要的植物

挖出根部

　　用修枝剪剪掉灌木的大部分外枝，将主茎干修剪至 60 ～ 90cm。使用鹤嘴锄在灌木周围挖一条沟槽，离主茎干 30cm 以上，并沿着根系向下延伸。用铁锹或挖掘棍切掉灌木根部，然后通过树干将灌木整体拉出。

重新把坑填满

　　敲下植物根部的土壤，用铁锹或园艺叉把这些土填入坑里。如果植物染病了，在坑里铺一层塑料布收集从植物根部掉下来的土壤，再把它们一起扔掉。用土壤重新把坑填满并夯实土地。添加更多土壤，直至形成 10 ～ 15cm 高的松散土坡。这些土会在几个月内沉淀下陷，地面会慢慢恢复水平。

移动灌木

划出根团范围

　　用绳围绕灌木，将灌木的枝干收拢成紧密的一束。用铁铲或铁锹的尖头环绕灌木画一个圆，直径与缠绕灌木的直径大致相等，这就是根团的尺寸。然后在第一个圆内 22cm 处再画一个圆。

切除根团

　　在外圈圆形旁边铺一层防水帆布或厚塑料布，收集土壤。挖出两个圆形之间的土壤，挖至灌木主根的深度，通常为45cm。用铁锹或铁铲切断灌木周围的根团，松开灌木。

包裹根团

　　剪一块方形的天然纤维可降解粗麻布，边长约为植物根团直径的三倍，将这块布放在坑旁边。不要使用合成布或塑料布。将布塞进根团的一侧，把灌木推向一边，然后把至少一半的粗麻布塞进倾斜的根团下方（如左上图）。如果要包裹较大的灌木，可以考虑请人帮忙。

　　将根团倾斜向坑的对侧，然后把粗麻布从根团下方拉向自己（如右上图），把根团大致放在方形粗麻布中间。拉起粗麻布的四角，用绳将它们牢牢系在茎干上。

拔出灌木

在坑旁铺一块帆布或厚塑料布，把灌木抬到这块布上。你可能需要别人的帮助才能移动中型或大型的灌木。将布上的灌木抬到或拖到新选址。重新种植之前，解开枝干上的绳，但保留根团上的粗麻布。切掉所有损坏的枝干，将灌木剪掉 1/3，这样挖掘时造成损失的根部才能供养得起整个植株。最后用土填满旧的坑。

种植麻布捆扎球根的灌木

挖洞

在新选址挖一个圆形的坑，宽度为植物根团的两倍，深度为植物根团的一半。把土铲在坑旁的塑料布或帆布上。

调节土壤

　　为移走的土壤添加泥煤苔和其他改良剂。将这些土与所准备的材料彻底混合，把混合物放在布上，避免它们接触草坪和地被植物。土壤配方：2 份壤土添加 1 份泥煤苔。1 份黏土添加 1 份泥煤苔和 1 份沙土。至于沙土，则应混合同样比例的泥煤苔和土壤。所有混合物都应加入包装袋上推荐量的长效肥料。

为灌木制作基底

　　铲一层改良土到坑里，用脚或打夯机夯实。重复以上步骤，将坑填至比根团高度矮 5cm。

放入灌木

　　将灌木放入坑里，调整至主茎干直立。将一根直木棍横放在坑上，确保根团约高出地面5cm。如果灌木过高或过低，先将它抬出坑洞，移走或填入一些改良土壤，直至灌木达到合适的高度。往坑里环绕根团添加土壤混合物，填满坑洞的2/3，再根据自己的需求夯实土壤，然后解开粗麻布，将它展开摊放在土壤混合物上（如左侧小图）。往坑里浇水，让水渗入地面。添加土壤混合物至高出地面约2.5cm，再彻底夯实地面。

塑造土盆

　　围绕种植坑建一个10cm高的环形土坝，为灌木锁住水分灌满水，让水渗入土壤。在灌木周围撒播一层5cm厚的覆盖物或树皮碎屑，让它们覆盖土盆壁，但要低于主茎干5cm。前几个月应保持移植灌木周边的土壤湿润，但不要过度浇水。

压条法繁殖灌木

损坏枝干

　　早春时期，将低枝从距离末梢约 30cm 处弯至地面，在这个位置挖一个约 15cm 深的碗形坑洞。把枝条弯至洞里。在枝干碰到坑洞中心的地方，用锋利的刀从枝干中间斜切出一个狭长的切口，在切口处塞入一根小枝（如上方小图），并给切口撒生根粉。

固定枝干

　　将足量的表层土、泥煤苔、沙土以 1：1：1 的比例混合起来，用该混合土壤填满坑。然后将 1/4 的混合物倒入坑里，并把枝干压入坑里，切口面向下，用混合土壤覆盖枝干。用一对交叉木棍压住枝干（如左图），取剩余混合土壤填满坑，确保有 15cm 的枝干高出地面。给混合土壤彻底地浇水，在交叉木棍上压一块石头，起到更好的固定作用。

分离新灌木

　　在第二年春天之前不要动枝干，时间到了才将它挖起。扒开一些土，检查切口处是否已长出根。如果已经有 3 ～ 5 条根，就可以切断枝干，让新植物与老植物脱离开来（如右图）。如果还没长出根，重新埋好枝干，秋天再检查一次。分离枝干后，轻推根团，让根部向着枝干末梢相反的方向倾斜。像种植其他灌木一样种植新繁殖的灌木，轻推倾斜根团，让植物顶部朝上。

让树木保持健康状态

树木与它们所保护、装饰的房子一样，也需要定期护理，有时需要请专业人士帮忙。你可以定期做些简单修剪、施肥、害虫防治的工作。但像用拉线加固枝干，或爬到较高的树上剪枝这样的任务则应该交给专业人士。

正确的修剪方式

巧妙修剪能让树木更加健康。但由于每个切口都会对树木造成伤害，因此如果修剪不够小心，也会伤害树木。

细胞和化学性阻挡层能将损坏区隔离开来，避免诱发疾病的生物体侵入树木体内的健康组织。这些护卫成分长在每条枝干底部名为枝领的肿胀处。

将枝干剪至树干，这种方法在过去很受欢迎，但会破坏部分枝领，即使树木的伤口能愈合，过程也十分缓慢。如果剪得离树干过远也不好，因为这样树干就离保护细胞的成分来源太远了。如果想要树木的伤口完全愈合，必须以精确的角度和位置进行切割，正好从枝领外剪下去（第97页）。可以不处理切口，也可以涂一层薄薄的沥青树漆。要说明的一点是，其他油漆会阻碍伤口愈合。

在冬末春初、花蕾开放之前修剪灌木。在花谢后马上修剪开花灌木，并立刻清除损坏或染病的枝干。

供养树木

想让树木维持正常生长速度，需要各式各样的营养物质，通常可以以肥料的形式给树木提供这些营养物质。最有效的肥料是棉粕粉、骨粉、血粉等有机物质。

将肥料撒在地面或以液体形式注入树木时效果最好（第100～101页）。还可以将液体肥料喷在树叶上（第102页），或在滴灌带周边钉入肥料棒（第100页）。但是，如果滴灌带与树干的距离在76cm以内，不要使用肥料棒。

施肥的最佳时期是秋末，那时候所有树叶都已掉落，树木开始为冬季储存营养。也可以在早春施肥，开花树木则要等到花朵开始盛放时再施肥。

无论在哪个季节，都要避免过度使用肥料。对幼树而言，一年施肥一两次已经足够。对成年树木而言，3～5年施一次肥即可。

安全的害虫防治方法

如果一棵树看起来病恹恹的，或长了你无法辨识的虫子，请找专业人士来诊断。药方很可能是喷洒式化学物质，必须小心使用。你可以用第 102 页的装备来喷洒 7m 以下的树木，大树则可以请专业人士来处理。

开始之前，请确认当地法律对化学喷雾的管制法规，研读包装标签上的说明。有些杀虫剂必须掺水，请按照说明书进行稀释。穿戴好防护装备，让儿童和宠物远离这个区域。

如果你更喜欢无毒的方式，可以尝试使用休眠油，这是一种由矿物油和水混合而成的产品。在早春树叶长出之前，将休眠油喷洒在树木上，它能裹住蚜虫、介壳虫、螨虫，并让它们窒息，即使这些虫还没从虫卵里孵化出来也不碍事。仔细阅读标签上的说明。虽然休眠油对人类无害，但它会损害常绿植物和特定种类的山毛榉、桦木、槭木。

另一种无毒的处理方法是生物防治——利用害虫的天敌。打个比方，一只瓢虫一天能吃 48 只蚜虫，还有一种名为苏云金杆菌的细菌能攻击舞毒蛾和其他毛虫，但对其余生物体无害。

工具	材料
■ 修枝剪	■ 干燥肥料
■ 截枝剪	■ 树刺
■ 高枝剪	■ 肥料筒
■ 修枝锯	■ 液体肥料
■ 播撒式撒布机 或槽式撒布机	■ 杀虫剂
■ 根区注射器	
■ 喷筒	
■ 浇水软管	

安全提示

处理肥料时务必佩戴手套。切割树枝时还要戴上护目镜。喷杀虫剂时要完全遵照制造商的指示说明。根据产品毒性程度的不同，你可能不仅需要佩戴手套和护目镜，还要穿靴、穿长袖、戴防尘面具或带滤芯的筒式呼吸器。

剪枝的艺术

基本准则

形态优美的幼树有一条笔直的主枝或顶枝从顶部伸出。主枝干带 U 形树杈，它们环绕树干均匀分布，纵向间距至少 30cm。为了保持这种结实匀称的结构，要剪掉所有不想要的部分：清除紧凑的 V 形树杈，这种节点较弱。切除吸根和徒长枝——徒长枝会长在树的任何位置上，而且影响侧枝生长——以及从新吸根和徒长枝上可能会长出的新芽。处理断枝、枯枝、裂枝，以及朝树干生长或穿过大树枝的小枝干。交叉生长的枝干会与树干和其他枝干摩擦，造成损伤。定期修剪成年树木的内侧枝干，让阳光能够照进树里。对落叶树而言，要清除过矮、影响你在树下散步的低枝；而常绿树则应该保留低枝。

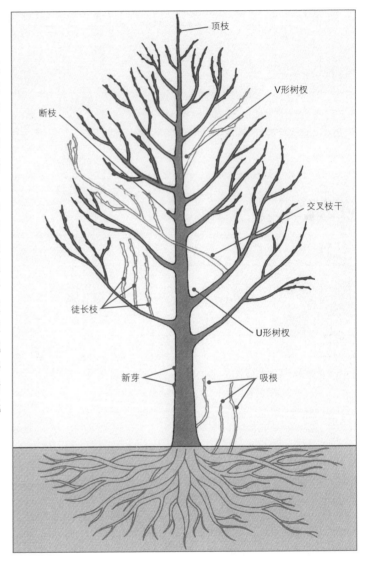

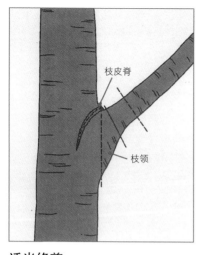 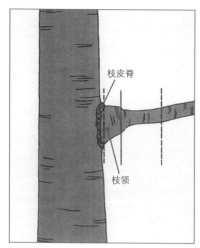 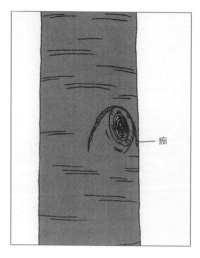

适当修剪

树枝的两个特点决定了修剪的位置和角度——枝干底部的粗枝领，以及母枝或主干上的深色枝皮脊。对成熟的落叶树而言，应该剪掉枝领旁边的枝干（如上左图中的实线）。不要剪掉枝领或枝皮脊，也不要留下断枝（如上左图中的虚线）。非常小的落叶树或常绿树的树枝上也可能有大枝领，在树枝底部可能有一圈枝皮脊（如上中图）。刚好剪至枝领外侧，与枝皮脊平行（如上中图中的实线），不要留下断枝，也不要剪掉枝皮脊或枝领（如上中图中的虚线）。一年左右，在切口边缘会形成坚硬的痂（如上右图），之后切口就会愈合。

细枝工具三件套

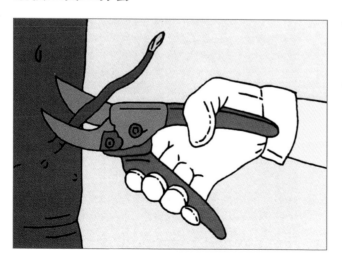

修剪萌芽

使用修枝剪，剪掉 6mm 以下粗细的萌芽和小枝。尽可能贴近树干修剪，但不要损伤树皮。

剪掉小枝干

剪掉粗细在 2.5cm 以下的枝干，把截枝剪的刀锋对准枝干顶部，刀背抵住树干或支撑枝。将底侧的刀片从枝皮脊和枝领上移开，然后平顺地合拢截枝剪的手柄。不要扭转截枝剪，也不要用它们将枝干从树上扯下。如果截枝剪的第一刀剪得不够整齐，请将它磨锐或改用锯。

刀片
枝皮脊
枝领

延长剪

高枝剪可以剪直径 2.5cm、高达 4.5m 的枝干。高枝剪由可伸缩的塑料杆或木杆组成。通过操纵绳子来控制固定钩下方的刀片，绳子穿过滑轮，能强化杠杆作用（如左图）。将固定钩越过枝干底部，放在图示处。用绳子环绕高枝剪一圈，防止木杆弯曲，拉绳子的动作要迅速。修剪时尽量贴近枝领，不要留下断枝。如果断枝挂在树上，用剪子前端将它拉下来，小心不要损坏其他枝干。

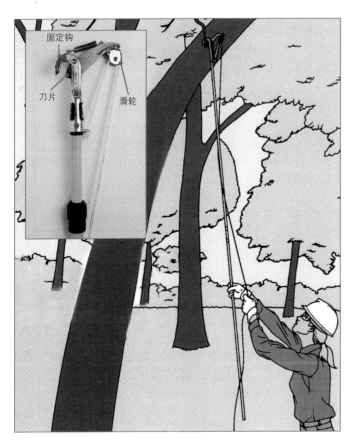

固定钩
刀片
滑轮

锯下主枝

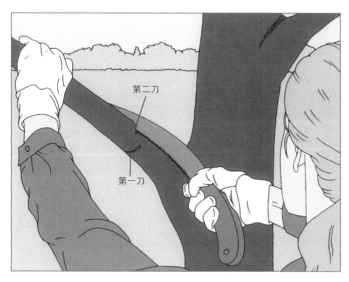

第二刀

第一刀

清除枝干

　　修剪粗细在 7.5cm 以内的枝干时，首先应剪掉所有次生枝。这样能减轻树木的负担，还能避免次生枝落下时挂在树上。用修枝锯在离树干约 30cm 处从枝干底下往上锯至一半，这样修剪能避免树皮在枝干掉落时被扯裂。在离第一个刀口 2.5cm 处，从上方往下锯枝干。在第二刀切至枝干半中央时，主枝就会折断，留下断枝。

修剪断枝

　　第三刀，从断枝下方往上锯 2.5cm，在枝领外、以直角锯入断枝。第四刀锯在断枝树杈处，就在断枝底部的枝皮脊外侧（如右图）。一只手支撑断枝，另一只手拿锯子从上往下锯至第三个切口处。

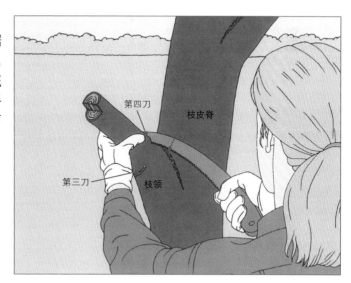

第四刀

枝皮脊

第三刀

枝领

从地表给根部施肥

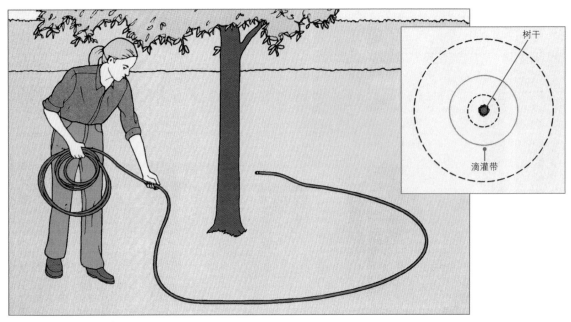

圈出表面施肥区域

用细绳或软管环绕树木，围出滴灌带，这条线就在树木最外侧叶子的正下方。在从滴灌带往圆心的 2/3 处标记出第二个圈，但与树干的距离不得小于 1.5m。第三个圈与树干的距离是滴灌带与树干距离的两倍（如右上小图）。使用撒播式撒布机或槽式撒布机，将树木肥料撒在最内圈和最外圈之间。

钉入树木肥料棒

像标记表面施肥区域一样标记好滴灌带。将树干直径除以 2.5cm，沿着滴灌带在地面钉入得出数量的肥料棒。均匀分布肥料棒，钉入肥料棒时，用防护性塑料布盖遮住肥料顶部。

通过水压注入肥料

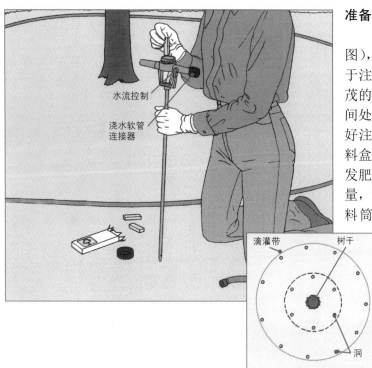

准备根区注射器

　　沿着树木的滴灌带（如前页下图），每 60 ～ 90cm 做一个记号，便于注射。对直径超过 10cm 的枝叶繁茂的树干而言，在滴灌带到树干的中间处标记第二圈，并沿着这个圈标记好注射位置（如下方小图）。查看肥料盒，确认每厘米树干直径需要多少发肥料筒。将肥料总量除以注射点数量，计算出每个注射点需要多少发肥料筒。旋开储存盖，扔进水溶性肥料筒，这样就能装满可供一次注射的根区注射器。如果储存器太小，无法一次装入，可以等肥料溶解后再次填充。

使用注射器

　　旋紧水流控制阀，将浇水软管连接到注射器上。调至中等水流，打开注射器上的控制阀，让水能从软管中缓缓流出即可。慢慢将管子插入土地，前后扭动直至入地 15 ～ 20cm 深。如果是硬地，先用水软化、松动土壤。如果是浅根树，将控制阀旋至"关"与"中挡"的中间；如果是深根树，将控制阀旋至"中挡"；如果是很大的成型树木，先将控制阀旋至"中挡"，一分钟后再旋至"开"。把注射器留在原地直至肥料溶解，然后关水，拔出管子，转移到下一个注射点。

适合小工程的手动泵喷洒器

加压罐

　　想填满加压罐，要先取走泵装置。将液体肥料或除草剂倒入加有少量水的加压罐中，然后加入稀释化学剂所需的水量。将粉状化学剂与充足的水在桶里充分混合，然后再倒入加压罐里。旋入水泵，用力将手柄抬起放下几次，给罐子加压。将喷嘴举起，按下手枪式握把，向叶片底部喷洒。如有必要，可以通过旋转喷嘴，调整喷雾大小，喷洒力减弱时重新给罐子加压。

手枪式握把

压力泵手柄

使用浇水软管喷洒器

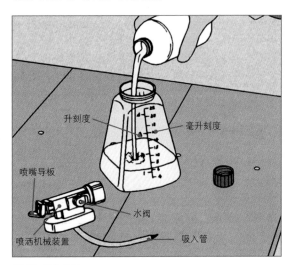

升刻度

毫升刻度

喷嘴导板

喷洒机械装置

水阀

吸入管

填满喷雾器

　　将浓缩液体肥料或杀虫剂倒入液槽里，利用侧面的毫升刻度来确认所需剂量。边看升刻度，边慢慢加水，在混合物剂量达到你所需的刻度时停止加水。将液槽旋在喷洒机械装置上，旋紧水阀，轻轻晃动喷雾器。

使用喷雾器

　　将喷雾器连在浇水软管上，打开水龙头。让喷雾器对准树木，打开水阀。在喷洒休眠油时，树干和主枝都要喷。要想控制喷洒力道，可以旋转浇水软管的水龙头进行调整。用喷嘴导板将喷雾引向上方。这样操作还能保持喷雾器处于水平状态，让吸入管能吸入化学成分并喷出。

如何移动树木

树的尺寸、重量、稳定性让它们看起来像是风景中固定的一部分，但有时也有移动树木的必要。比如小树和幼树可能需要暂时移栽到其他地方，避免妨碍建设项目。有些树要从排水差、土壤情况不佳、受风力影响较大的地方永久性地移开。健康状况良好的成年树也可以移到其他地点，配合新的景观规划。

尺寸问题

通常说来，高 3m 以下、树干粗细 7.5cm 以下的树移动起来相对轻松，移动之后也能茁壮成长。但大树则较难处理，移动后也更加脆弱。移动大树的工作需要请专业人士评估后再考虑进行操作。

提前规划

移动落叶树的最佳时机是秋末或春初，这时候落叶树处于休眠状态。常青树则任何时候都可以移动。提前数月至一年，切下约一半的水平根，不要动纵向的直根。确保这些切口呈 3 个 60° 弧形，距离树干 60 ～ 75cm（第 104 页）。

提前修剪树木（第 96 ～ 99 页）能减少对树木的冲击，在移动树木之前形成新的饲养根。然而，为了补偿丧失的根系能力，需要剪掉约 1/3 的枝干。

工具	材料
▪ 铁锹	▪ 粗麻布
▪ 泥铲	▪ 绳
▪ 钉耙	▪ 覆盖物

安全提示

挖掘时请戴好手套。移动树木等重物时请穿戴上护背工具，减少受伤的概率。

修剪树根

　　使用磨锐的铁锹切断树根，在树干周围形成直径60 ～ 75cm宽的圆形，然后在提前修剪过的地方重新切割树根。将铁锹刀片以与树干呈30°角的方向插入地面（如图上虚线），这样能缩小根团。

早期修剪

粗麻布

沟

把树连根拔起

环绕根团挖一条 45cm 深的沟槽。将铁锹刀片插入树底下——长柄铁锹最好用——切断直根和其他没切除的根系（如左图）。请另一个人帮忙抱住根团、抬起树木，把树放在方形粗麻布上。在把带低枝的树木搬出之前，先在根团下铺好粗麻布，然后再移动，这样会更容易。

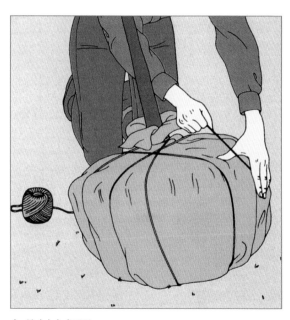

包住树木根团

拉起粗麻布，将根团完全包住，多出的边角余料包裹树干。用绳从多个方向缠绕根团，倾斜树木，让绳绕过根团下方捆绑。把根团捆成整齐的包裹后，用绳绕树干几圈，然后系紧。

暂存树木

如果能在一周内移植，可以把树木暂时存放在阴凉处，用覆盖物覆盖树木根团并浇水。如果存放时间较长，可以在阴凉处挖一个约树木根团一半深度的坑洞，这样能起到防风的作用。将根团放入洞里，把 15cm 厚的覆盖物铺在上面（如上图），保持根团湿润。

种树的正确方法

用于种植的树木有三种形式：粗麻布包裹球形根的树木、容器培植的树木、裸根树木。但是，在购买小树之前，请比对第 268 ～ 279 页，找到适合当地种植的品种。准备好填充栽植穴的混合土壤，准备方法与种植灌木时一样（第 90 页）。

种植树木

裸根树木比其他形态的树更小、更便宜。初春时，在裸根树木到达后的一两天内开始种植。下页有种植裸根树木的技巧。

一年里的任何时间都可以种容器培植树木。粗麻布包裹球形根树木的种植方式与同样包装的灌木一样——也与容器培植树木一样。一旦树木的根团脱离了塑料盆，就要立刻种植。下页详述了具体的种植方法。

种植后的养护

除非树木在容器里培植，否则都要剪掉约 1/3 的枝干（第 96 ～ 99 页）。用塑料的树木保护装置包裹树干底部，防止对低处的树皮造成损害。

在大风区域或儿童玩耍区域用支架或拉线加固树木，大风和儿童都可能会让树根变松（第 109 页）。不要绑起支架或拉线，树木能在风中轻轻摇摆时，根系巩固得更快。拉线工具可以在园艺品店购买，不过也可以使用镀锌铁丝和旧浇水软管自行加固树木。

最后，给新种植的树好好浇水。在生长季节，新种植的树每周需要 2.5cm 的水量。

工具	材料
■ 美工刀	■ 树木保护装置
■ 修枝剪	■ 2×2 木桩
■ 铁锹	■ 布条
■ 长柄重锤	■ 旧浇水软管
	■ 镀锌铁丝

容器培植景观树

从培养盆里取出树苗

    将根团从盆里拿出，如有必要可以通过拍打或弯曲盆壁来分离根团。如果你买的树木有圈形根（如左图），轻轻地把它们展开。用修枝剪剪掉较大的卷曲根和交缠根。在根团上找四五个分部均匀的点，用美工刀或锋利的厨房刀从顶部向底部划 2.5cm 深（如下方小图）。按照第 89 ～ 91 页种植灌木的方法种植树木。

裸根树

摆放树根

    挖一个栽植穴（第 89 页），约是树木最长根长度的 1.5 倍，宽度与深度一样。在穴中央填入土壤，然后把树根轻轻在土堆上展开。以直木棍作为参照，调整土堆，保证树干上的土壤高度标记不低于地面高度。

土壤高度标记

填充根系四周

　　让树木保持直立，将土填到坑里。轻轻拍土，但根系周围的土必须紧实，这样才能减少气穴。在坑里填入 2/3 的土壤和 1/3 的水。等水完全渗透后，再添加土壤至地面高度。按照第 91 页所示搭建土盆，浇满水，然后铺上覆盖物。

移植树木的养护

保护软树皮

　　将树干底部的土往下压约 5cm。用塑料的树木保护装置环绕树干（如右图）。安装好之后，将它滑到树木底部。换掉松散的土壤。树木保护装置能随着树木的生长而扩大。一年至少检查一次树木保护装置的束缚力，如有需要请调松。两三年后移开树木保护装置。

树木保护装置

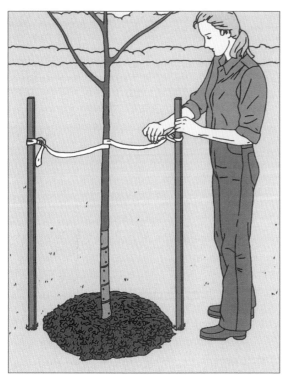

支撑小树

　　对树干粗细在 7.5cm 以内的小树而言，可以在栽植穴旁边立两根 1.8m 长的 2×2 规格木桩。用长柄重锤将木桩敲入地面 45cm 以上。将布条的一端系在一根木桩的顶部，用布条绕树干一圈，留下约 2.5cm 的布边。将布条的另一端系在另一根木桩的顶部，再次留下约 2.5cm 的布边。在树木完全扎根后移走支架——最快也要种植一年以后。

拉绳支撑小树

　　对树干直径 7.5cm 或以上的树木而言，可以在栽植穴外侧的地面钉入 3 根凹口木桩。将拉绳一端穿过 30cm 长的浇水软管。用浇水软管环绕枝干上方的树干，然后旋转拉线，将浇水软管固定在树上。把拉线的另一端绑在木桩缺口上。加 2 根拉线，然后调整 3 根拉线的松紧度，让树能够轻轻摇摆。

第四章

砖露台和混凝土露台

砌筑表面其实是浮在地面上的，随着春季的融雪和冬季的霜冻而上升下降。混凝土露台的混凝土板浮在一层碎石上，砖块和石头一层层嵌入沙土里，与变化的露台轮廓相贴合。两种结构的露台都需要挖掘地基，可以用旋耕机松土，让拆除更容易，减轻工作量。

人字形是最好看的砖石铺设图案之一，可以用于小径或露台。

考虑使用与小径或露台相同的材料来搭建花坛。

用点缀色修饰
露台或小径的边缘，
形成整洁的视觉线
条，强调露台或小
径的几何形状。

在沙土或砂浆上铺设图案

以砖石或混凝土铺路砖为表面的露台能抵御风雨侵蚀，经久耐用。由于砖石或混凝土铺路砖的尺寸小而且统一，搭建和维护露台也较为简单。

材料范围

砖石露台要经得起水和温度变化的考验，因此要购买比搭建垂直结构的砖石更结实的铺路砖。如下页所示，你可以将它们进行组合，形成各式各样的图案。另一方面，有型的混凝土铺路砖就是为了相互连接而设计的。

安全提示

运输砖石或混凝土铺路砖的时候请穿硬头鞋。如果要使用砂浆，戴上防护手套保护双手。

选择沙土还是混凝土

砖石和混凝土铺路砖都可以铺在紧实的沙床上（第 120 ～ 124 页），或者借助砂浆铺在混凝土上（第 125 页）。沙土能借助其物理特性快速排水，沙土上的铺路砖还能随着地形改变单独移动。铺在沙土上的铺路砖可以单独升高或单独替换。但是，使用涂抹砂浆的砖石或混凝土块搭建而成的露台更加持久，不太需要护理，也很少长杂草。

维护露台

铺路砖无论铺在沙土上还是混凝土上，都免不了长苔藓。尽管苔藓也很美观，但它湿滑的特点存在隐患。为了减少苔藓，可以使用园艺品店售卖的苔藓清除剂。如果你的露台长出了霉斑，可以用家用漂白剂清洗。沙土上的铺路砖中间可能会长出杂草，即使铺了控制杂草的屏障也是如此。如果长了杂草，你可能要在所有砖的缝隙里喷洒除草剂，注意不要喷到树木附近，也不要喷到其他植物上。

露台铺路砖

砖石铺路砖

右图中展示了两种尺寸不同的铺路砖，左侧这种尺寸的砖石可以用砂浆来粘合，也可以购买右侧的那种铺路砖石，它的长度是宽度的两倍。用于沙床时，这些砖石可以无缝贴合，有助于防止杂草长出。对气候会导致地面结冻的地区而言，可以使用 SX 强度等级的铺路砖，这种等级的砖石可以抵御恶劣天气。

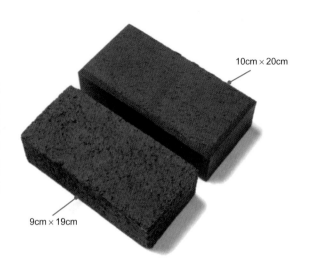

10cm × 20cm

9cm × 19cm

混凝土铺路砖

有型的混凝土铺路砖有许多形状，左侧三种最为常见。因为砖石要铺成连接的图案，所以它们在搭建过程中和搭建之后一般都不能改变位置。

砖石选择

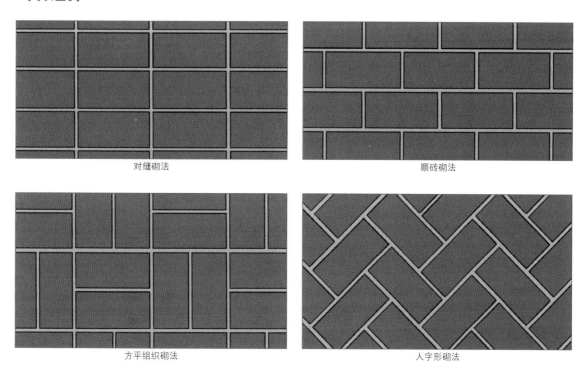

对缝砌法

顺砖砌法

方平组织砌法

人字形砌法

强调规则性

你可以用长方形砖打造以上四种经典图案，也可以将几种图案结合起来创造富于变化的表面图案设计。大型露台不要使用对缝砌法，因为很难对缝。相反，可以为其他图案添加对缝砌法砌成的边界。顺砖砌法图案对较大面积的区域而言更容易统一铺设，这种图案的砖石交错排列。方平组织砌法和人字形砌法的图案能提升沙床露台的耐用性，因为这种图案的砖方向不同，每块砖都被相邻的砖固定住了。上图方平组织砌法为砖面外露，还有一种方平组织砌法是用砖石的侧面铺路，三块砖石拼成一个正方形。人字形砌法自带指路属性，适合用来将观光者的目光引向特别的地点。

铺设圆形图案的砖石

　　想要留住树、喷泉，或其他固定物件，可以铺设圆形图案（如左上图）。从中心开始，先用半块砖铺地两圈，然后用整块砖继续铺设圆形，填满整片区域（第 122 页）。可以用第 124 页的重叠弧形砖块来打造贝壳花样效果（如右上图）。用整块砖和半块砖相互配合，松散地填充贝壳花样区域。

如何不使用砂浆砌砖

目前为止，搭建起来最简单的露台就是把砖石直接铺设在沙床上的露台。沙底让雨水能渗入树木的根部，沙土让砖块能够适应下方的土地，随着地面的结冻和解冻而沉降或移动。

在规划露台时，要考虑到地面的稳定性。如果近日做过深度在 90cm 以上的填埋，或在露台表面 30cm 以内有积水，都可能会导致沉降问题。如果你的院子存在这种情况，又或者你刚好住在地震频发的地区，请咨询专业人士。

布置沙床

为了减少切砖的情况，在挖掘之前，环绕露台铺一层干砂，调整露台尺寸，尽可能地使用整块砖。一定要设计永久型镶边（第 120 页），它们能防止沙土上的砖石晃动。砍掉露台表面附近的树根，它们会导致砖块无法铺设平整。挖掘之前，应先确认，是否必须搭建淤泥围栏，以防止院内的水土流失。

排水

通常情况下，在紧实的土壤上铺 5cm 沙土就能充分排水了。但如果该区域土质为稠密的黏土，或降水量大，则需要在沙土下铺 10cm 厚的碎石，才能满足排水需求。使用第 126 页的估算器，计算出所需数量。为了防止沙土渗入碎石层，可以用油毡纸或聚乙烯薄膜覆盖在碎石层上面，它们正好能让雨水渗入。如果排水问题特别严重，从房屋开始铺设沙床时，就要设计坡度横向距离每 1.2～1.8m 就要下降 2.5cm。铺在碎石层的透孔排水砖或塑料管有助于潮湿地区排水。

选对砖石

没有纹理的室外专用砖石是最佳选择。粗糙表面或沟纹表面的砖石会储水，在天冷结冻时可能会导致砖石碎裂。但要避免使用釉面砖，釉面砖表面沾湿后很滑。可以用模制混凝土"砖石"替代传统黏土砖，它们有更多的颜色和形状可供选择。

有缝隙还是无缝隙

比起有缝隙的砖石，紧密相贴的砖石能更好地控制杂草生长。如果想搭建无缝露台，可以购买专门的铺路砖，这种砖的长度正好是宽度的两倍。

选择其他铺路砖则可以在两块砖之间使用砂浆。砖石间的缝隙能够强调图案，如果你将砖石的长边对准该区域的坡度排列，那么，砖石间的缝隙还能引导雨水顺着砖石的长边向下流，将雨水导离房屋。在铺设砖石之前，先在沙床上铺一层塑料布，防止缝隙中长出杂草，再将沙土扫入缝隙，防止砖石晃动。

切割砖块的两种方式

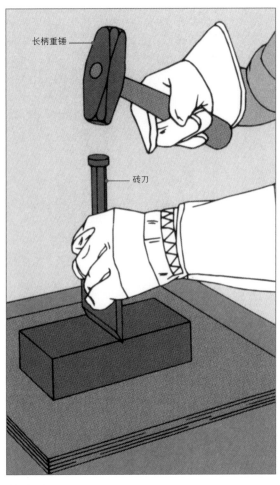

长柄重锤

砖刀

工具	材料
■ 砖刀	■ 砖石
■ 长柄重锤	■ 洗净碎石（粒径 19mm）
■ 石工锤	
■ 橡皮锤	■ 聚乙烯薄膜
■ 水平仪	■ 沙土
■ 木工角尺	■ 2×2 规格木桩
■ 带碳化砖刀的圆锯	■ 细绳

注意

在挖掘之前，先确定好地下障碍物的位置，例如电线、水管、污水管道、排水井、化粪池、污水坑。

安全提示

切砖时要戴好护目用具。用圆锯磨砖时最好戴上防尘面具。佩戴手套能防止双手起水泡或擦伤。

使用砖刀

如果要切的砖块数量很少，可以使用一把宽凿刀，也叫砖刀，以及一把大约 2kg 的长柄重锤。在砖上画一条切割线，然后把砖垫在沙土或木板上。手扶砖刀与砖面垂直，砖刀的斜面边朝向对侧，用力敲砖刀。然后将砖刀微微倾斜向自己，再敲一次，这样就能把砖分开了。可以先拿碎砖练习几次，然后再实际切割你要用的砖。

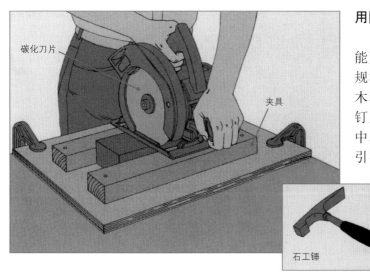

碳化刀片

夹具

石工锤

用圆锯切砖

借助安装了碳化砖刀的圆锯，能更轻松地切割大量砖石。用2×4规格废弃木料制作简单夹具，两块木料间留出一块砖的宽度，将它们钉入一块胶合板里，把砖放入夹具中。将圆锯设置为切割6mm，然后引导刀片沿着切割线慢慢在砖上移动。在另一侧也划出一条相对的槽，然后手拿着砖，用石工锤的钝刀侧敲掉砖上不想要的部分。

为露台挖基坑

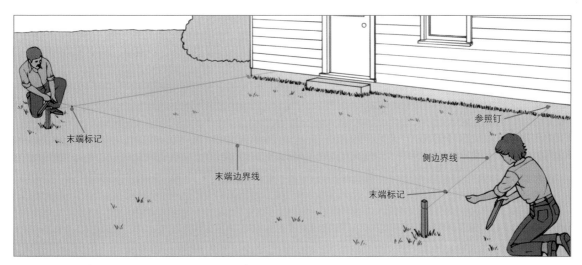

参照钉

侧边界线

末端标记

末端边界线

末端标记

规划长方形选址

将参照钉锤入房屋墙壁，作为露台两侧的标记。使用第128页的方法确定钉子对侧面2×2规格木桩的位置，以及超出未来露台末端60cm的位置。在钉子和木桩之间系细绳，确定露台的侧边界线，在每根细绳上标记好露台末端位置。请别人帮忙拉第三条细绳（如上图），让它与侧边界线的标记交叉。如果想挖掘该区域，首先要沿着边界线挖一条沟。这条沟必须深到足以容纳砖石、沙土，如有需要也必须能够装入碎石。在两条沟中间来回平行操作。

规划不规则形状选址

在方格纸上画好露台的范围，每个方格代表 $0.1m^2$。估算露台的面积，计算出轮廓内侧几部分正方形的大致数值。然后将所有完整的正方形和零碎的正方形相加，计算出要购买砖石、沙土、碎石的数量。用浇水软管围出露台的形状，然后用粉笔在地面画出露台形状。先在露台周边挖沟，圈出大致位置。

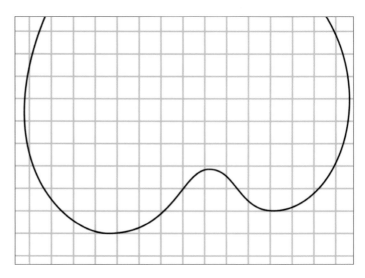

在沙土上铺设砖石

为露台镶边

首先，用打夯机夯实挖掘区域内侧的土地。在露台周边挖一条浅沟，让立在浅沟末端的砖石顶部与露台表面平齐（如果露台侧面与花床相邻，边缘应加高5cm）。用 2×4 规格的木条填充浅沟底部，然后拉紧参照绳，确认镶边砖的上方与露台另一侧表面平齐。再将砖石垂直立在露台周围（如左图），让砖石顶部边缘触碰细绳。用土从两侧支撑砖石，让它们保持直立向上。如有必要可添加水磨碎石，用钉耙将它们在露台表面均匀耙开。可以用油毡纸覆盖碎石，也可以用排水孔间距 10～15cm 的聚乙烯薄膜。在沙床上铺5cm厚的沙土。给沙土浇水至潮湿，然后再次夯实土地表面。

调整边缘

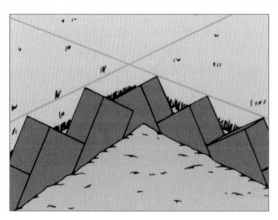 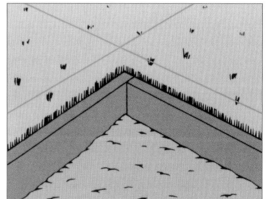

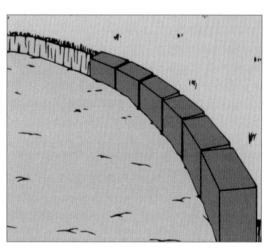

想建出锯齿高出露台表面 5cm 的锯齿形图案效果（如上图），就要把砖以 45° 放入沟槽里。防霉红木和 2×6 规格的加压木板（如右上图）等其他镶边材料适合更窄的沟槽，也可以将直立砖摆成弧形（如右图）形成圆角。如果想打造弧形拐角，要用水平仪校准砖石顶部。

铺设砖石

使用参照绳，校准所选露台图案上的砖石。例如，想铺出人字形图案，要先从露台邻近两角之间的镶边铺起，让砖石与镶边呈45°角。用橡皮锤将砖石敲入沙土里，让它们与镶边砖石齐平。在镶边外侧放两块额外的砖石，在这两块砖石间拉一条细绳，让细绳掠过两个拐角间所有砖石的边角。在铺设第一排砖石的时候，用细绳校准砖石的边角。使用橡皮锤或调整沙床，确保每块砖石齐平。开始铺设新一排砖石的时候，在两端各放一块砖，作为布置参照绳的参考。填满整排，如果遇到阻碍，请夷平沙土。按这样的步骤重复铺设每一排砖石。用切割好的砖填充露台边缘的三角形区域，然后将沙土轻轻扫入仍然存在

的缝隙。下雨后，如有必要可添加更多沙土。

绕树圆形露台

镶边

沙土

橡皮锤

镶边

半块砖

先使用半块砖

用浇水软管环绕树木标记出露台的内圈和外圈。内圈直径至少90cm，这样才能避免前两圈半块砖之间的缝隙过宽。在需要铺路的区域挖掘及镶边，然后布置沙床。切好第一圈所需的半块砖，用橡皮锤把它们敲入沙床里，让内角的砖石紧凑相抵（如左图）。用水平仪调整砖石顶部。如有需要，可修整每圈的最后一块放入的半块砖，令整圈砖石更贴合。紧靠第一圈半块砖来铺设第二圈半块砖。

使用整块砖

在沙床上铺设由整块砖组成的中心圈，让这排砖内缘相贴，并与上一排首尾相连。用橡皮锤固定每块砖。使用泥工水平仪对齐砖块，如有需要可添加或减少沙子。继续往镶边的方向铺中心圈的砖。

填充镶边缝隙

在砖石上画好标记，使之适合露台外圈每个形状不规则的空缺处。用第118页的砖刀切砖，然后根据需要修整砖石，用第119页的石工锤锋利的一端切割。用橡皮锤固定砖石。轻轻将沙土扫入砖石之间的缝隙，雨后如有必要，可重复以上步骤重新填充缝隙。

砖刀

长柄重锤

铺设扇形图案的砖石

画出扇形弧线

　　用沙床镶边标记基线，在沙土上画半圆形。弧形半径为60cm，圆心两两相距150cm，打造美观图案。在沙床一端画圆弧，如有必要可在两侧画局部圆弧。在两块砖之间拉一条细绳，让细绳从第一排弧线的顶部掠过（如右图）。跪立在木板上，避免破坏已经画好的弧线，然后在第一排弧线间距的中间画一排新的弧线。用木工角尺辅助标记这些弧线的中心，以及之后几排弧线的中心。如有需要，最后一排可以画局部弧线。

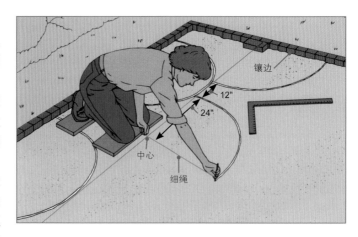

为扇形区域铺砖

　　沿着每条弧线铺设整块砖（如左图），使用碎砖开始填充每个扇形区域弧形间的狭窄缝隙。半块砖适用于60cm的弧线，相邻的一排则使用3/4块砖。用整块砖铺设微弯弧形，填满每个扇形区域的其余部分（如左下小图）。用整块砖填满局部扇形，用碎砖和沙土填充小缝隙。把沙土扫入仍然存在的缝隙里。

混凝土路面地基

混凝土路面由一层混凝土组成，通常会用金属丝网加固，铺在排水的碎石床上。虽然后文所描述的 10cm 加固混凝土配 10cm 碎石的设计符合绝大多数的建筑规范，但还是要提前确认为宜。

建筑规范也许还会规定排走地表径流所需的坡度，以及建筑期间是否需要淤泥围栏来防止水土流失。你所在地区可能对位置、设计、混凝土路面尺寸都作出了规定。

准备工作

为混凝土路面选址与为砖石露台选址一样，都需要小心谨慎。在你计划完毕后，根据混凝土路面的大小，以及混凝土和碎石床的厚度，使用第 126 页的估算公式来计算需要多少混凝土和碎石。

在为长方形混凝土路面选址时，按第 128 页所示方法，用木桩和细绳围起边界，并挖掘该区域。从细绳处往下挖 60cm 深，用于放置木板和支架，然后按下文所述的步骤继续。为不规则形状的混凝土路面准备选址可参考第 133 ～ 135 页。保留草皮，以及已完成土壤填充的混凝土边缘。

伸缩缝

许多当地规范都要求混凝土路面每 2 ～ 3m 要加一条浸胶伸缩缝填料，混凝土路面与房屋地基之间每 2 ～ 3m 也需要加一条浸胶伸缩缝填料（第 130 页）。添加这条伸缩缝的目的是防止混凝土随气温变化热胀冷缩而导致损坏。建议购买宽度与混凝土路面厚度相同的接缝填料。如果买不到，窄一些或宽一些的填料也可以。

混凝土路面的框架

除非你计划使用带装饰图案的永久型木板（第 132 页），否则就要使用冷杉木、云杉木、松木等实惠的木料搭建框架。按照第 134 页所示技术制作的柔韧胶合板能用于打造不规则形状的混凝土路面弧形。使用双头钉，让临时框架便于拆卸。

安全提示

用钉子连接木板时，以及将填缝料填入房屋时，都需要佩戴护目镜，同时佩戴手套能保护双手不起泡、不扎入碎屑，处理金属丝网时还能防止手部被割伤。

工具	材料	
■ 普通木工工具	■ 1×2 规格木料	■ 洗净的碎石（粒径 19mm）
■ 铁锹	■ 2×4 规格木料	■ 伸缩缝填缝料
■ 打夯机	■ 胶合板（19mm 厚）	■ 加固丝网
■ 刮板	■ 2×2 规格木桩	■ 捆绑用钢丝
■ 钉耙	■ 石工绳	■ 混凝土块
■ 长柄重锤	■ 双头钉（50mm）	■ 粉笔
■ 线条水平仪	■ 普通铁钉（75mm）	■ 板条
■ 钢丝钳	■ 长钉（15cm）	
	■ 石工钉（38mm）	

计算坡面和所需混凝土用量

侧边界长度（英尺）

_____ × 0.25 = _____ 英寸

选址面积（平方英尺）
混凝土厚度（英寸）

_____ × _____ × 0.0033 = _____ 平方码

计算坡面

对横向每 30cm 纵向上升 6mm 的坡而言，可以使用以上公式计算贴近房屋的混凝土路面和与之平行的边角的混凝土路面之间的高度差。再如果斜坡横向每 30cm 纵向上升 3mm，就把乘数 0.25 换成 0.125。

估算面积

使用上述估算器计算出混凝土路面或排水床所需的混凝土数量或碎石数量。所得结果以平方码为单位——这类材料多以这种单位贩售——已包含 8% 的损耗量与溢出量。

备注：1 平方码≈ 0.836 平方米
1 英寸≈ 2.54 厘米

倾斜混凝土路面以便排水

矫平挖掘过的区域

使用钉耙捣散所有土块，然后请帮手一起在整片区域拉动约 2.5m 长的 2×4 规格的水平木板，矫平整片区域（如上图）。用浇水软管浸润该区域，并用打夯机撞击地面，使地表紧实。除了租一台打夯机，还可以自己制作。

使用合适大小的胶合板，加上 2×4 规格木料制成的 1.2m 长支撑手柄即可。夯实地面之后，再次在整片区域拉动水平木板，将它用作直尺，确保表面平坦。

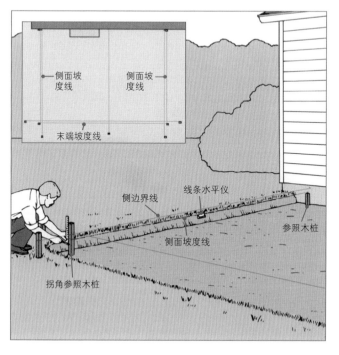

侧面坡度线
侧面坡度线
末端坡度线
线条水平仪
侧边界线
参照木桩
侧面坡度线
拐角参照木桩

确定坡度

在房屋墙壁上标记好混凝土路面高度，即混凝土和碎石床的总厚度，超过侧边界线 5cm。在标记处将 2×2 规格的参照木桩打入地面，紧贴房屋墙壁，使其高度与混凝土路面平齐。在木桩顶部中央敲入半截钉子。沿着侧边界线至末端边界线 5cm 外测量，把角落参照木桩打入与第一根参照木桩相对的位置。用细绳环绕第二根木桩，然后把它系在另一根木桩的钉子上。在细绳中间悬挂一个线条水平仪，调整角落木桩的细绳，让细绳保持水平。用上页公式计算坡长，在细绳下方标记好角落木桩的计算结果。放低细绳以便标记，这就是坡度标记。在混凝土路面的另一侧重复这个步骤。用第三根细绳将角落木桩上的坡度标记相连，形成末端坡度线。利用这条线和靠近房屋的参照木桩，为混凝土路面里的每条伸缩缝确定坡度线。

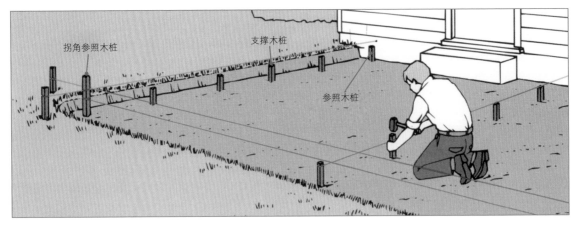

添加支撑木桩

　　每间隔 60cm 就标记一条坡度线。在每个标记的正下方打入一根 2×2 规格的支撑木桩，深到无法徒手拉出，让坡度线刚好掠过木桩顶部。把木桩精确地放好，确保拐角呈直角，确保混凝土路面正确倾斜。当所有支撑木桩固定好之后，移走坡度线，使用手锯修整拐角的参照木桩，使之与之前标记的坡度线高度相同。移走所有标记边界的线条和木桩，只留下支撑木桩和拐角的参照木桩。

安装框架木板

　　切一块比从房屋到参照木桩外沿还长 10cm 的 2×4 规格木板。如有需要可以多使用几块。将木板首尾相连。让木板与支撑木桩的内侧相抵，一端靠着房屋。将木板放在木块上，让木板的顶部边缘与木桩的顶部齐平。将 5cm 的双头针穿透每根木桩钉入木板中，把长柄重锤用作铁砧（如左图）。然后把木板钉入中间的木桩里。以同样的方式在混凝土路面的末端安装一块框架木板。这块木板紧贴侧板，用 75mm 普通钉子从倾斜角度把连接处钉起来。对每个伸缩缝而言，都要切一块比从房屋到末端木板之间距离还短 1.3cm 的木板。把这块木板钉入准备先浇灌的混凝土路面一侧的支撑木桩上，与墙壁留下 1.3cm 的距离。木板首尾相接的地方（如左侧小图），在连接处两侧各敲入一根支撑木桩，入地 15cm 深。把木板钉在木桩上，然后把一条胶合板钉在连接处。

末端木板

支架

拐角支撑木桩

支撑木桩

支撑框架木板

在末端木板和侧边木板相遇的拐角处钉入支撑木桩。加固每根支撑木桩，包括那些用来固定接缝侧面的木桩，将 1×2 规格的支撑架钉在离框架木板 30cm 左右的木桩上。沿着末端木板挖掘混凝土路面区域，与侧边框架木板的坡度相匹配，然后矫平并夯实地面。

整平碎石层

在每块混凝土区域倒入一层约 2cm 厚的碎石，让它们从框架木板下方溢出。请帮手一起在碎石层表面拖拽整平板，使碎石层尽量平整。

制作整平板

整平板的功能是确保碎石层表面平整,以及让混凝土路面厚度统一。要想制作图示的整平板——专为10cm厚的混凝土路面设计,请切割1×8规格的木板,长度比框架之间的距离短5cm,再切割2×4规格的木板,长度比框架之间的距离长25cm。将1×8规格的木板叠放在2×4规格的木板的中心。将1×8规格的木板移出6mm,然后把木板钉在一起。在1×8规格木板的面上,从斜方钉入2根2×2规格的手柄,每根手柄长1.2m,并在一端切割出30°角。用2×2规格的木板固定手柄,再钉在2×4规格的木板顶部。

安装填缝料

切一条与伸缩缝框架长度一致的伸缩缝填缝料。在填缝料一侧以30cm左右为间距,钉入75mm钉子,略微弯曲每个钉子,令它们能固定在混凝土里。让填缝料紧抵框架(如上图)。如有必要,用15cm长钉将填缝料固定在合适高度,使之与顶部齐平(如左上小图)。用几根38mm的石工钉将另一条填缝料钉入房屋墙壁,间隔为15cm,标记出所有存在的台阶。将填缝料首尾相接,与框架一侧相抵,将它填入伸缩缝框架与房屋之间的1.3cm空隙。

铺设金属丝网

　　佩戴手套，在碎石层上铺设金属丝网。从混凝土路面外侧边缘开始，在金属丝网和框架之间留5cm空隙。边铺边用混凝土块压好金属丝网。走到铺设区域的另一侧时，用钢丝钳将金属丝网剪至比框架短5cm。然后把金属丝网反过来，在上面行走，使之平整。在你想要先浇筑的区域铺上碎石，令金属丝上面的网格重叠15cm。切割与台阶或其他障碍物贴合的金属丝网，然后用钢丝把金属丝网格绑在一起。

永久型框架的魅力

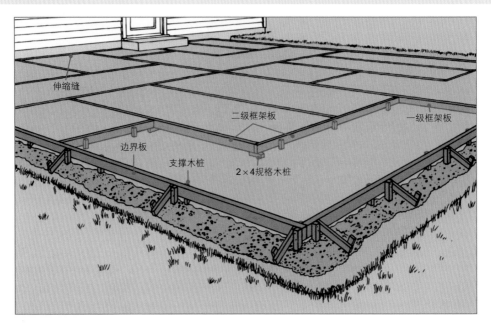

伸缩缝
二级框架板
一级框架板
边界板
支撑木桩
2×4规格木桩

在大多数情况下，浇筑完混凝土后，框架木板就变成废料了。但是，也可以将它们留在原地，打造环绕混凝土路面的装饰框架。又或者如图所示，用内侧框架木板组成美观的图案。出于这种目的时，使用加压处理过的木料或其他防风雨的木料是比使用临时型的松木或云杉木料更好的选择。

安装永久型木板所需遵循的规则与安装临时型木板一样，只有细微差别。在为这类混凝土路面布置边界板时，要考虑到框架会影响混凝土路面的长和宽。按第128～129页所示来安装和支撑边界板。但为内侧框架木板和边界板钉入支撑木桩时，需钉在计划混凝土路面下方2.5cm处，这样混凝土才能遮住钉子。

按第127页的方法确定混凝土路面的坡长。每块与房屋垂直的内侧框架木板都要有一条坡度线。每块与房屋横向平行的木板都需要拉一条细绳，布置方式与末端线相同（第127页）。

永久型框架可以替代混凝土路面里的伸缩缝，但无法替代沿着房屋布置的伸缩缝。从混凝土路面的一侧贯穿至另一侧的木板叫作一级框架板。紧贴房屋，使用木桩来固定一级框架板的末端，另一端则钉入边界板进行固定。

二级框架板比露台的长度和宽度要短。在二级框架板与边界板或一级框架板相遇的地方的平面钉钉子。在两块二级框架板相遇的地方，要把一块二级框架板钉在另一块上，再把它们都钉在2×4规格的木桩上，并将木桩打入节点下方的地里。

浇筑混凝土路面之前，在所有框架木板上钉入半截75mm钉子，这样有助于将框架木板固定在混凝土里，再用耐用胶带覆盖框架木板顶边，防止被混凝土沾污。

为圆形混凝土路面塑造弧形

坡度线中线　坡度线末端线　坡度线侧边线

挖掘混凝土路面区域

　　用浇水软管圈定混凝土路面形状，然后用粉笔在地面标记好形状。移走浇水软管，挖掘该区域至粉笔线标记外60cm。挖掘深度应等于排水层厚度加上混凝土路面厚度。在该区域以平行路线来回挖掘，然后夷平并夯实挖掘过的地面。确保排水系统远离房屋，先为长方形区域定好边界线和坡度线，长宽应分别超出混凝土路面最大长度和最大宽度30cm或60cm（如上方小图）。将坡度线中线系在侧边线之间，以及房屋墙壁与末端端线之间，间隔90cm。把细绳系在房子前的石工钉上。将2×2规格的支撑木桩钉入混凝土路面边界线周围的地面，以60cm为间距沿缓和曲线布置木桩，以30cm为间距沿急弯曲线布置木桩。为有需要的内部框架木板添加支撑木桩，间隔60cm。用细绳校准木桩顶部至齐平。

让胶合板不再僵硬

胶合板是通过加压将多层木板粘合起来而成的木料。每层木板的纹理与相邻层垂直交叠从而使胶合板较为刚硬。但为了制作混凝土路面的弧形框架，还是有办法弯曲胶合板的。用圆锯切割出 10cm 宽的木条，外侧纹理为纵向。然后把锯齿调整至 1.3cm 深，在木条上横向来回锯。确认刀片切口的深度不超过 5 层胶合板中的 3 层。如有必要可调整锯子，然后沿着木条，以 2.5cm 左右为间隔切割沟纹。

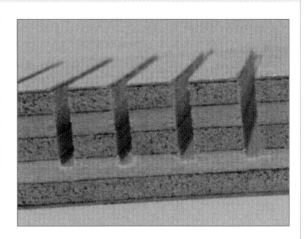

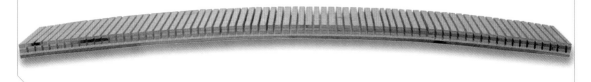

胶合板　　板条

安装框架木板

要测量弧形框架木板，首先要切割出一条 1.2 ～ 2.4m 长的木板条。将它钉在支撑木桩上，与支撑木桩顶部齐平，并与房屋相抵。在板条上标记距离最远的木桩中心位置，然后撬开板条，将标记转移到胶合板上，宽度与混凝土路面的厚度相同。根据标记切割胶合板。在胶合板上切出狭槽，使它变得柔韧（如上图），然后将它钉入支撑木桩。按这种模式环绕混凝土路面的边界线继续操作，将胶合板区域与支撑木桩相接（如下方小图）。如果有必要可安装伸缩缝框架（第 130 页）。

倾斜框架木板

环绕弧形框架施工，抬升或锤低木板和木桩，直至框架顶部边缘与坡度线平齐。在伸缩缝的直线框架处重复以上步骤。当弧形框架和直线框架都调整好之后，用支架固定支撑木桩（第 129 页）。校准挖掘深度，使之与坡度相匹配，然后铺一层 10cm 厚的碎石排水床。按第 130 页所示安装填缝料。

切割适合框架的金属丝网

在框架区块内铺一块金属丝网，弧形框架处如有需要可以重叠。用重物临时固定金属丝网，然后沿着弧线在框架内 5cm 处切割金属丝网。通过弯曲金属丝网或移动金属丝网并在上方踩踏，将金属丝网整平。再切割一块金属丝网，每块都要能够与之前的区块重叠15cm。整平这些金属丝网，用捆绑金属丝将它们绑在一起。

浇筑与加工混凝土

对浇筑与加工混凝土路面而言，最重要的是速度。在干燥有风的日子，新浇筑的混凝土仅 3 小时就会变得太硬而难以施工。面对 10×12 规格的混凝土路面，两人共同浇筑及整平混凝土，需要约 1 小时。如果要加工表面，则还需要多达 3 小时。如果缺乏一定经验，浇筑混凝土的面积最好不要过大。

自行混合混凝土

专门售卖少量预拌混凝土的公司是采购混凝土的理想渠道，如果浇筑混凝土的地点距离采购公司较远，这种情况下，可以租借搅拌机拖车来运载混凝土。

在自己制作混凝土时，要频繁测试混合物的黏稠度（如下页图）。两次检测之间，要分几次少量加水，每次加的量也不要太多。

规划加工效果

为混凝土打造平滑和纹理的效果（第 139～140 页）都无需提前准备，但用其他材料加工表面则需要预先计划好。例如，如果你想打造卵石骨料表面（第 141 页），那么你需要使用比普通混凝土混合物更硬的混凝土混合物。而且必须在浇筑混凝土之前浸润卵石。

固化过程

混凝土路面加工完毕后必须固化，至少一周内要保持混凝土湿润温暖，这样才能逐渐发生化学反应，发挥出混凝土最大的结构强度。最常见的固化方式是用聚乙烯薄膜覆盖混凝土路面。但彩色混凝土路面和卵石骨料表面都可以通过空气晾干来固化，无需覆盖聚乙烯薄膜，一天内还需要洒水几次。等混凝土路面固化后移开外部框架。

工具

- 混凝土搅拌机
- 铁铲
- 钉耙
- 铁锹
- 2×4 规格整平板
- 大抹子
- 梯子
- 镘刀
- 磨边机
- 手镘
- 长方形泥铲
- 凸面填缝器
- 刮尺

混凝土清单

✓ 订购混凝土时，告诉预拌混凝土公司混凝土路面的尺寸规格，以及计划浇筑卵石骨料表面的混凝土，还是彩色混凝土。

✓ 如果你居住在容易结冰并解冻的地区，请务必为混凝土混合物添加加气剂——这是一种化学成分，能够在混凝土中制造小气泡，防止混凝土开裂。

✓ 安排预拌混凝土卡车早点到。混凝土在凉爽的早晨凝固得更慢。

✓ 让卡车停在街道上，然后铺一条厚板路，用独轮手推车装载混凝土，并运送至要铺设混凝土路面的地方。

✓ 每次用独轮手推车运输不超过 70kg 的混凝土。

完美混凝土

为混凝土添加适量的水很有必要：加水太少，混凝土就难以顺滑；加水太多，材料就不够坚固耐用。右侧左图中的混凝土虽然显得干燥，但实际上恰到好处，用泥铲轻轻涂抹就能形成平滑的表面；再多加一些水，就会变成右图右侧中的泥状混合物，这样的混凝土用起来太湿。

填充框架

添加混凝土

把金属丝网架在砖块上，为框架上油防止粘黏住。在第一个框架里倒入足量的混凝土，填满框架里 0.9 ～ 1.2m 宽的区域，溢出 1.3cm，用泥铲让每堆混凝土与上一堆混凝土紧挨在一起。每次倒出混凝土后，都要用泥铲将混凝土推向框架角落，与填缝料相抵。在框架与混凝土之间使用扁铲，将混合物中的石块从侧边剔除。然后在整片混凝土中垂直戳入铁锹，消除气穴。如果加固金属丝在混凝土的压力下凹入碎石基底里，可以用钉耙把它钩起来，提高至混凝土中间。

抹平混凝土

　　每填好约 1m 宽的区域，就要用整平板抹平整个框架——整平板是一块 2×4 规格的直板，比框架宽 60cm。请别人帮忙，用砍剁动作抬起、降下整平板，将骨料挤入混凝土中。然后，从填充区的一端开始，让整平板穿过混凝土表面，同时以拉锯的动作将整平板从框架的一侧滑向另一侧。边拉边将整平板向自己倾斜，这样木板底部就可以作为刀刃。为了矫平所有残余的高凸低凹处，需要再次在混凝土上拖拽整平板，将整平板反向倾斜。在台阶或窗口井等障碍物周边，使用切割至合适尺寸的短款整平板。在余下

的几个约 1m 宽的区域继续填充并矫平地面。

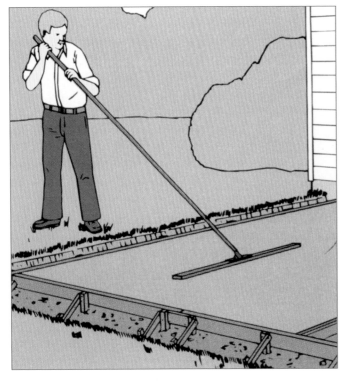

抹平表面

　　为了紧实并矫平混凝土，首先要将抹子向前推，将抹子刀片正面刀刃向上倾斜。然后将抹子往回拉，保持刀片与表面平整接触。把生混凝土铲入所有残留的凹陷处。遇到手臂够不到的地方，可以把梯子架在混凝土块上，在湿混凝土上搭桥。再次抹平表面。

为混凝土镶边

等到混凝土足够坚硬可以定型时，在框架和混凝土路面外边缘之间使用镘刀，将混凝土顶部几厘米与木料分开（如左上图）。沿着狭槽来回推动抹子（如右上图），倾斜抹子前沿，使之略微向上，避免凿到混凝土。在后期加工过程中，任何深凹槽都难以填充。等所有表面水分从混凝土路面蒸发后再开始加工。

加工表面

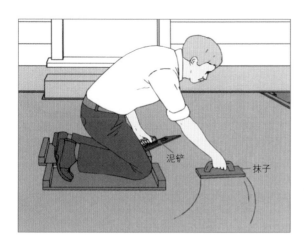

泥铲

抹子

用泥铲打造平滑效果

在混凝土路面铺两块用于跪立的木板，木板末端钉 2×2 规格的手柄。跪立在木板上，用钢镘整平混凝土：平持钢镘，弧线形扫过混凝土表面。然后平持长方形钢镘，横扫同一片区域。用同样的步骤整平混凝土路面的其余区域，如有必要可以移动跪立木板。（这时候混凝土必须达到坚固得能够在上面行走的程度。）整平混凝土路面之后，再单独用泥铲过一遍，这时要略微倾斜泥铲。继续加工表面，直至泥铲上没有混凝土。如果刀片在混凝土路面上能划出铃声，这意味着混凝土已经太硬了，无法继续加工。在框架和混凝土路面边缘之间使用抹子，修复镶边线条。

刷出防滑表面

　　用手镘和泥铲先后两次整平混凝土（第139页）。最后一次不要再用泥铲，而是在混凝土表面拖拽一把潮湿的硬鬃刷子。无论是按与框架形成直角的直线来刻划，还是按弧形图案刻划都可以。如果硬刷子扫出了混凝土里的小结块，用浇水软管将刷子冲洗干净。在继续加工之前要等混凝土块晾干。如果你只有使劲施压才能在混凝土上留下划痕，那么要加快操作速度，因为这说明混凝土很快就会变得坚硬，导致难以加工。

创造石板效果

　　在用抹子抹平混凝土之后（第138页），立刻用凸面填缝器在混凝土表面刻划间距不规则的沟纹，1.3～1.9cm深均可。在框架间搭梯子来接近够不到的地方。等表面水分蒸发后，用手镘和泥铲抹平表面，然后再次刻划细槽，将石板图案修复至原来的清晰度。用干燥的刷子清理沟纹，刷去残留的混凝土小块。

次整平混凝

铺设卵石

准备表面

　　按第138页的说明用混凝土填充框架，但要使之与木板顶部齐平，而不要高于木板顶部。用两端有缺口的整平板整平混凝土，让混凝土底边低于框架顶部1.3cm，然后用抹子抹平表面。用泥铲将浸润的卵石均匀撒在混凝土上，如有必要可以借助梯子来够到内部区域。

嵌入骨料

　　用抹子将石头按入混凝土中，使之正好低于表面。在用抹子抹平整片混凝土路面之后，用手镘按下所有依然看得见的石头，如有需要，可以借助梯子够到混凝土路面的内部。然后按第139页所示，在整个表面上使用手镘，用一层又薄又光滑的混凝土覆盖石头。

露出骨料

　　在表面水分蒸发、混凝土足够坚硬能够抗压之后，用硬尼龙刷轻刷表面，露出石头顶部。请助手在混凝土路面洒水，再次刷地，露出 1/4 至 1/2 的石头。如果你还能移动任何石头，请停止刷地，等混凝土比之前更牢固了再继续。如果混凝土难以刷动，在表面变得太干之前，迅速刷磨骨料。石头露出来之后，继续在表面洒水，直至骨料上不再有任何看得到的水泥薄膜。用硬毛刷和一桶水单独刮一下遗漏的地方。在露出骨料 2 至 4 小时后，再冲洗并轻刷一次表面，清除石头表面所有的残渣。

不规则露台旁的弧形长椅

木制长椅是适合所有露台的优美附加物。本书所示的为弧形露台设计的长椅，简单调整后也适用于长方形露台。

选择能充分防腐防虫的木料用于室外。例如，比较耐用的雪松木、柏木、红木。

固定支柱

将 90cm 长的木板条用作在露台边缘标记柱坑的参照（如左图）。以每个标记为中心，挖一个约 17cm 宽、27cm 长、30cm 深的洞。为每个洞砍一根 90cm 长、4×4 规格的支柱，将支柱固定在混凝土里。将混凝土放置 48 小时。在每根支柱上标记高出地面约 40cm 的位置，并将支柱切割至这个高度。

安装横木

在每根支柱顶端切两个 9cm×2.5cm 的凹口。为每个凹口切割一根 45cm 长、2×4 规格的横木。将横木放在切口中间，并用 65mm 的镀锌铁钉将它们钉好。钻两个直径 1cm 的洞，它们互成对角，贯穿支架和支柱。用 12.7cm 镀锌车架螺栓旋紧横木，也可以使用黄铜螺栓。

制作座位

切割十五根 1×2 规格的木板条（至少 2m 长）将它们悬挂在最末端的横木上。从 2×4 规格的木板上锯下几条约 1cm 粗的木条，再将它们切割成约 12cm 长的垫片，共 42 个。固定好木板条，让它的长度超过横木末端约 6mm（如右图），再用 75mm 镀锌铁钉把它钉在横木上，从中间的支柱开始钉。然后，紧挨着木板条在每根支柱上放置垫层。用垫层替换木板条覆盖横木。再锯下木板条末端，使之与末端横木平行。为所有木板条末端添加 1×2 规格的盖子（如右下小图）。用 5cm 黄铜螺丝或镀锌木螺丝旋紧。把螺丝旋入背部的垫片中，加固外侧板条。

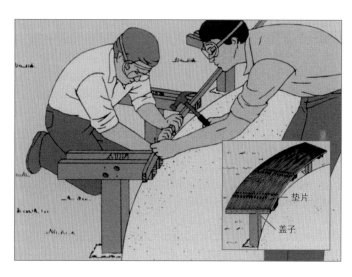

垫片

盖子

在砂浆上铺设砖石或石板

在砂浆上铺设砖石或石板能把单调的混凝土石板变成可供休闲娱乐的美观焦点。如果你最近刚刚浇筑了新的混凝土路面，需要在施工之前测试一下它的坚固性。不管结果如何，也不管混凝土的新旧程度如何，使用金属直尺检测整个混凝土路面，看看是否有高凸低凹处。砖石和石板可能会在凸起处摇晃松脱。水则会汇聚在低洼处，弱化砂浆的坚固性。

用石工磨石或电钻上的硅化碳轮子整平凸起处。用冷凿捣碎较大面积的凹陷表面，再像填洞一样把它填起来。

估算材料

为混凝土路面选址。（如果混凝土路面的形状不规则，请使用第 120 页的方法处理。）需要 4.5 块铺路砖才能铺满 930cm^2。如果使用的是尺寸不标准的材料和石板，请咨询销售商。无论使用哪种材料，都需要预估约 5% 的破损量和修补量。有些石板很软，可以用砖刀切割。其他石板则比较硬，必须用圆锯上的石工刀片刻划。

28dm^3 的砂浆混合物足以铺设约 35 块砖或 1.1m^2。胶合砖石之间和石板之间的接缝需要另外购买砂浆混合物。

干铺

干铺砖块和石块是重要的第一步。用砖块的长边沿混凝土路面斜坡来铺。这样能将雨水导离房屋。使用 1.3cm 厚的胶合板，沿混凝土路面相邻两边将整排砖块隔开，根据需要修整砖块（第 118 页）填满整排。将干铺的砖块和石块留在原地，作为细绳标记的参照。

干铺石板时，要调整相邻石板的尺寸，避免出现长接缝线。石板与石板之间的距离应介于 1.3 ～ 5cm 之间。可以切割重叠石板来填充大缝隙。

伸缩缝

一定要在混凝土路面与未覆盖的房屋之间留一条伸缩缝。施工收尾时，铺好砂浆之后，将聚乙烯绳按入接缝里，然后用自流平聚硫密封胶或硅树脂覆盖绳子。如果混凝土路面被伸缩缝分开了，用砖块胶合时须预留开口接合。请不要用石板胶合，因为石板会抵抗张力，导致砖块碎裂或松脱。

环绕露台的框架

有时可能会需要在砖块或石板周围安装镶边，保护脆弱的拐角，包裹露台侧面。在地面边缘布置 2×8 规格或 2×10 规格的加压木板，与饰面板的表面齐平。不规则形状的混凝土路面可以使用金属镶边。使用石工密封胶能阻止难看又湿滑的苔藓和霉菌的生长。

砂浆与水泥浆

✓ 购买 M 型砂浆，从建材市场可以购买到预混料。

✓ 混合量不要超过 10～15 分钟内的用量，约为半包。

✓ 在独轮手推车或砂浆盆里堆积干燥成分，将中心下压。在下压中心缓缓倒入使用说明上推荐量的冷水。用锄头搅拌。

✓ 砂浆要刚好湿润到能轻松从锄头上滑下。水泥浆必须像奶昔一样浓稠。砂浆和水泥浆都必须完全没有结块。

✓ 在混合新一批材料之前，要把砂浆盆里所有干掉的砂浆刮干净或冲干净。

✓ 动工前，弄湿混凝土路面和饰面板材料，这样它们才不会吸走砂浆和水泥浆中的水分。

工具	材料
■ 石工磨石	■ 砖石或石板
■ 2×2 木桩	■ 砂浆混合物
■ 石工绳子	■ 粉笔
■ 冷凿	■ 盐酸
■ 砖刀	■ 石工密封胶
■ 石工锤	
■ 长柄重锤	
■ 橡皮锤	
■ 砂浆盆	
■ 锄头	
■ 镘刀	
■ 勾缝刀	
■ 1.3cm 填缝料	
■ 水泥浆袋	
■ 金属丝刷子	

混凝土路面的砖镶面

一排

胶合板垫片

在砂浆上铺设砖石

　　用大号镘刀给干铺层第一块砖石的粗糙表面抹一层 1.3cm 厚的砂浆。用镘刀尖头在砂浆上划出浅浅的沟纹。将砖石放在混凝土路面的边缘，并牢牢夯实，用泥铲手柄将其整平。一次操作一块砖，用 1.3cm 厚的胶合板垫片确定下一块砖的位置。先调整好砖石的水平高度，再继续。在木桩上系一条参照绳，将第二道砖石与干铺层第二块砖对齐。在有房屋墙壁的地方无法使用木桩，可以将细绳系在砖石上，并放在一小片 1.3cm 厚的胶合板上。整平每道砖石，然后再为下一排重新放置参照细绳。在进行下一步前，至少要等 24 小时。

水泥浆袋

填缝刀

填缝

　　将带 1.3cm 喷嘴的水泥浆袋装至约 2/3，卷起顶部，把水泥浆挤到砖石的缝隙中。用 1.3cm 的填缝刀到把水泥浆挤进缝隙里，高度略低于砖石表面，形成排水道。用填缝刀整平水泥浆。等一个小时，然后用镘刀清除参差不齐的水泥浆结块。3 个小时后，用金属丝刷子刷平接口，并把露台冲洗干净。让水泥浆固化几天，然后用温和型盐酸和金属丝刷子清除砖石上的水泥浆污渍，冲走残余物。

> **安全提示**
>
> 　　防护手套能保护双手不被砖块或石头的粗糙边缘刮伤。砂浆和水泥浆带有刺激性物质，使用时需要佩戴防护面具和手套。研磨和修整混凝土路面、混合砂浆、切割砖块或石头、使用盐酸的时候都要佩戴护目镜。

用石板布置任意形状的路面

干铺

　　在混凝土路面上布置石板，相邻石板之间可以有 1.3～5cm 的间隙。忽略除了与房屋墙壁相邻的伸缩缝之外的所有伸缩缝。在混凝土路面边缘石板突出的地方，用粉笔画一条切割线，将混凝土路面边缘作为参照。如果有石板重叠，标记其中一块石板，记得给砂浆留点空间。切割线必须是直线，也可以用几道短切口拼凑出近似的弧形。

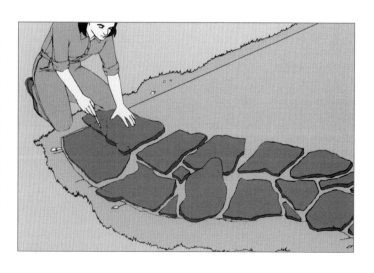

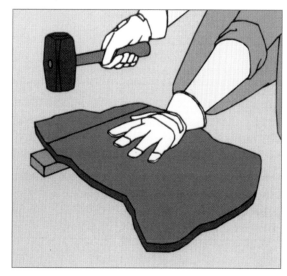

切割石板

　　一块一块地移动做好标记的石板，在每块石板上刻划以便切割。用砖刀抵住粉笔线条，然后用长柄重锤敲砖刀几下（如左上图）。沿线移动砖刀，再敲。对厚度在 1.3cm 以上的石块而言，可以通过将刻划的第一条线延伸至石块边缘下方来刻划石块背面相应的线条。将石块放在木板上，注意刻划好的线不要超过边缘 6mm 以上。然后用长柄重锤把多出的部分敲掉（如右上图）。每块石块切好以后，将它们放回混凝土路面上原来的位置。

在砂浆上铺石头

在混凝土路面旁边的角落或沿边用干铺的方式铺一些石板，占地约 1.5m²。用水浸润外露的混凝土路面，然后用镘刀铺 1.3cm 厚的砂浆床。把石板放在砂浆上，用橡皮锤固定。再用碎石块填充所有大的空隙。

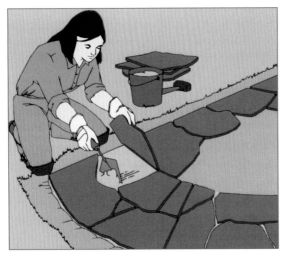

打造平整表面

检查刚铺设好的石板。如果石板太高，那就需要把它们搬到一旁，用勾缝刀刮掉一部分砂浆。如果石板太低，则需要添加一些砂浆，并用泥铲抹平，确保石板与砂浆贴合。用勾缝刀或压板清除石板之间堆叠起来的多余砂浆，加工这片区域，最后用海绵把溢出的砂浆从石头上擦掉。

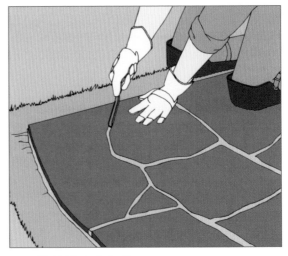

给接缝上水泥浆

在砂浆固化 24 ~ 48 小时后，用镘刀将水泥浆涂在接缝处。然后用填缝刀将水泥浆压至比石块表面低约 2mm 的深度。在 10 分钟之内，用湿润的破布擦走多余的水泥浆，防止留下污渍。不要使用盐酸，它会让石板褪色。为了确保石板之间的宽接缝充分固化，第一天每 4 小时就要给石料喷一次水。在露台上行走之前，至少要等待水泥浆固化 3 天以上。

瓷砖的多种设计

将高温烧制的陶瓷黏土瓷砖铺在混凝土路面的砂浆上，为户外露台或水池打造美观且耐用的设计。所有户外瓷砖都必须能够防霜冻，购买吸水率在 6% 及以下的瓷砖。

瓷砖类型

缸砖表面平滑，有正方形、长方形、六边形、八边形等不同形状。铺路砖比缸砖更厚，多为正方形和六边形，表面带纹理，有粗边和圆边两种。

锦砖能迅速打造出复杂的设计，需要在网面背景上以正确的间距铺设。如果要用于户外，请选择带无光釉的锦砖，这样的砖石表面湿润后也不打滑。

准备步骤

首先，检查你想要铺砖的混凝土路面是否有裂缝。想要估算所需瓷砖数量，先计算出混凝土路面区域的面积（第 120 页），并据此购买瓷砖。

干铺

如果混凝土路面之间有伸缩缝，请留意它们的位置，围绕这些伸缩缝设计瓷砖图案（第 153 页）。干铺瓷砖路面来确保位置精确。塑料垫片或凸缘常作为瓷砖边缘，它们能将瓷砖位置固定得更精确。

切割瓷砖

可以用第 154 页和第 155 页的手工工具切割瓷砖。也可购买小型切割机和钳子。还可以租赁较昂贵的高级切割器。

厚度在 1.3cm 以上的瓷砖需要用带硅化碳石工刀的圆锯或电锯切割，可以用水给刀片降温，并冲走陶瓷碎片和灰尘。不管使用哪种工具，切割棱纹瓷砖时都一定要顺着纹理方向。

乳胶砂浆

当用于固定瓷砖的砂浆和用于填充接缝的水泥浆都使用乳胶液体制作而非用水制作时，瓷砖露台会更耐久，维护成本也会更低。瓷砖水泥浆可以预先混合出各种颜色。4.5kg 瓷砖水泥浆足以铺设 0.9m² 的铺路砖和缸砖，也足以铺设 1.9m² 的锦砖。你可以自己制作水泥浆，将同等比重的普通水泥和细坯工沙与足量乳胶液混合，制成浓稠的湿黏土。

准备好铺瓷砖时，先湿润混凝土路面，用泥铲涂抹一层薄砂浆床。在砂浆依然柔软的时候，小范围铺设瓷砖，做好规划，不要破坏新铺设的瓷砖。

在给接缝填充水泥浆之前，先让砂浆固化 24 小时。接下来的 24 小时内给接缝填充水泥浆，但要确保它与砂浆紧密结合。

保护露台

想要保护瓷砖和水泥免受污染，可以用石工密封胶给完成好的铺路封层，也可以使用 5% 的硅树脂溶液。大多数人可能更愿意只给水泥浆封层，因为这样工作量更小，水泥浆的吸水性更强，也更容易显露出污渍。

工具	材料
■ 瓷砖切割器	■ 瓷砖垫片
■ 砂浆盆	■ 砂浆／水泥浆混合物
■ 镘刀	■ 乳胶瓷砖固化剂
■ 齿状泥铲	■ 聚乙烯泡沫绳
■ 水泥浆镘刀	■ 硅胶密封剂或聚硫
■ 填缝枪	密封剂
	■ 石工密封剂

安全提示

切割瓷砖时，要佩戴安全护目镜和厚实的工作手套，保护自己不被瓷砖的碎屑和锋利的边角刮伤。

典型瓷砖

户外瓷砖的背面通常有棱纹，这些棱纹能让砂浆与瓷砖之间的黏合性更好，上图的纹理瓷砖就是一个例子。大部分瓷砖为外圆角形，一条边或两条边为圆边，可以沿着露台圆周或拐角使用。

各种形状和颜色

上图的方形瓷砖是多种形状之一，这或许也是最常见的一种形状。六边形瓷砖最适合单独使用，但八边形瓷砖可以搭配小正方形瓷砖，打造八边形与点的组合图案（如下页中间一排左图）。除了传统的赤褐色，瓷砖还有很多其他的颜色和图案，包括木纹图案（如上图）等。

用带形状的瓷砖组成图案

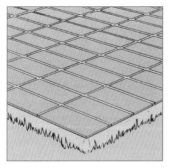
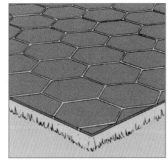

重复使用单一形状的瓷砖

有些图案就是源自瓷砖本身的形状。左侧左图的图案是由长方形瓷砖堆叠而成的，也可以使用正方形瓷砖堆叠。而左侧右图的蜂窝形图案是由六边形组成的，也可以使用八边形瓷砖铺设。

重复使用两种形状的瓷砖

八边形与点的组合图案（如右侧左图）由20cm八边形瓷砖和7.5cm正方形瓷砖组成。正方形与尖木桩形的组合图案（如右侧右图）由20cm正方形加上周边的7.6×28cm尖木桩形瓷砖组成。

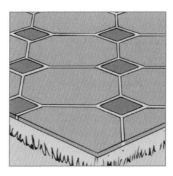
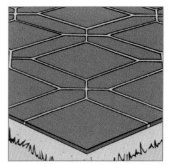

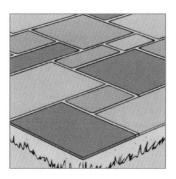
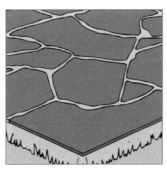

使用多种形状的瓷砖组成图案

长方形瓷砖和正方形瓷砖经过轻度切割后组成活泼的图案（如左侧左图），所有瓷砖的规格都与最小瓷砖成倍数关系。还可以用磨平棱角的破碎铺路瓷砖打造碎石图案。

开始铺瓷砖

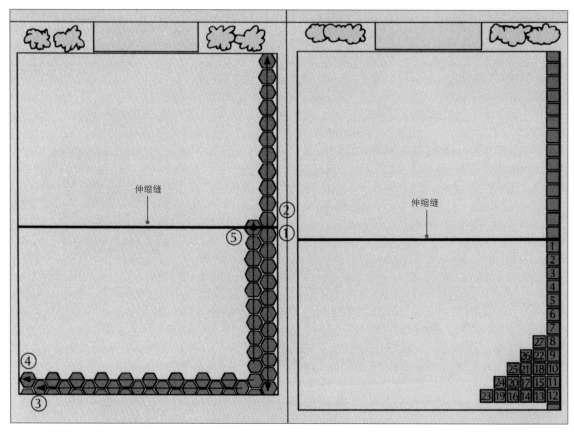

长方形混凝土路面

　　如果路面上有伸缩缝，就从伸缩缝开始施工。对六边形或八边形的瓷砖而言，第一排要从最远的角落开始铺起（如上图箭头 1）。如有必要，可修整第一排末端的瓷砖。继续向房屋的方向铺瓷砖（如箭头 2），接口处留下一条缝隙。如有需要可以修整拐角处的瓷砖。将最贴近最远角落的瓷砖作为参照，沿混凝土路面边缘铺一条与第一条瓷砖相垂直的瓷砖（如箭头 3）。替换可能需要切割的瓷砖。用同样的方式铺设接下来的几排（如箭头 4 和箭头 5）。使用一些瓷砖弥合伸缩缝，直至覆盖整块混凝土路面。最后，切割瓷砖填充边缘残存的空隙。对用于简单堆叠图案的正方形瓷砖和长方形瓷砖而言，按照数字顺序铺设第一排瓷砖至最远角落（如右上图）。把那里的最后一块完整的瓷砖作为三角形顶点，再按斜线铺瓷砖，直到铺满一片混凝土路面，然后继续铺另一个区域。最后用切割瓷砖填满边缘残存的空隙。

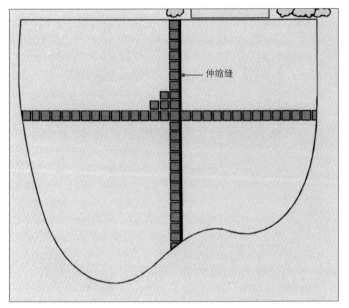

伸缩缝

不规则形状混凝土路面

如果混凝土路面为不规则形状或弧形，可以画一条与最宽边相垂直的粉笔线，或用伸缩缝将混凝土路面分为四块。从接近露台中间的交叉点开始，沿轴线往边缘铺瓷砖。如有必要可以标记好瓷砖以便切割。然后如左图所示铺满每个区域。

阻碍型混凝土路面

想围绕树木或水池铺瓷砖，首先要围绕障碍物铺一个长方形框架，然后用瓷砖填充这个框架，如有需要可以切割瓷砖。如果你喜欢，可以添一条镶边瓷砖。将混凝土路面分为四块，在框架每条边的中点用一块瓷砖作为参照。沿着四分线一排一排的铺瓷砖，用几排平行瓷砖填满每个区域。切割每排最外侧的瓷砖，使之贴合混凝土路面的边缘。

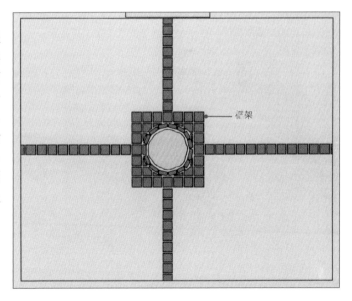

框架

切割瓷砖的三种技巧

使用高级切割器

　　将做好标记的瓷砖放在切割板上，切割线位于分裂条的正上方。放置并锁紧可调整防护栏，将瓷砖牢牢固定好。把切割手柄滑向自己，然后抬高手柄，直至切割刀轮碰到标记线。持续将手柄向前推，切割瓷砖。将凸缘对准瓷砖的正中间，然后用拳头猛敲手柄（如右图），让凸缘将瓷砖从分裂条上震下。

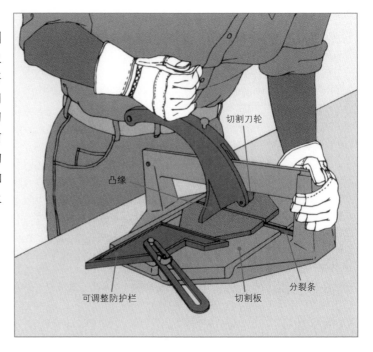

切割刀轮

凸缘

可调整防护栏　　切割板　　分裂条

切割刀轮

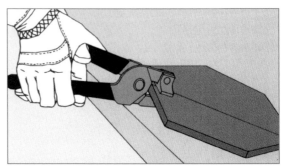

使用微型切割器

　　在瓷砖上画一条切割线，可以是直线也可以是略弯的曲线。将切割刀轮放在线上，牢牢固定住瓷砖，然后一口气沿线滚动切割刀轮。如果是直线，可以用胶合板碎片或未切割的瓷砖作为参照来刻划。如果是弧线，可以徒手刻划。无论是以上哪种情况，都只能刻划一次。第二次刻划可能会导致瓷砖破裂。把切割器的钳口放在刻划线的中心（如上图），然后捏紧切割器手柄。瓷砖会沿着刻划线碎开。

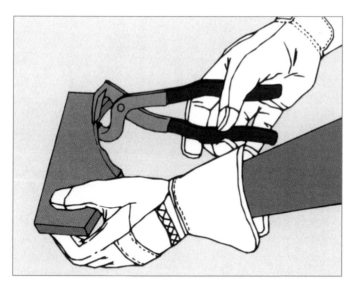

用瓷砖钳切割

在瓷砖上刻划一条切割线，然后在要切掉的部位打个叉。一手牢牢握住瓷砖，从边缘开始沿着切割线切下小碎片。握住瓷砖钳，钳口与想要的线条呈夹角。大致的切割工作完成以后，用小块砖或小石头磨平边缘。

在砂浆上铺瓷砖

涂抹砂浆床

紧邻混凝土路面干铺，然后在要首先铺瓷砖的一块混凝土路面上洒水。以 $0.3m^2$ 左右为一个工作单位，使用边缘光滑的长方形齿状镘刀，在湿润的混凝土路面铺一层砂浆。把镘刀翻转过来，在砂浆上划出齿形，留下统一的脊线图案。勾缝刀放在旁边，便于清除过量的砂浆，还能把滴落的砂浆从混凝土路面上刮走。在水桶里清洗泥铲，而且要在砂浆变干之前洗干净。

铺瓷砖

抓住瓷砖边缘，将它放在砂浆床上，尽可能不要横向移动。用橡皮锤固定好瓷砖。除非你用了垫片凸块为瓷砖塑形，否则要在瓷砖边角使用塑料垫片，然后再挨着垫片铺第二块瓷砖。铺完所有整块瓷砖之后，以四五块瓷砖为一组检查它们的表面是否平齐。在伸缩缝附近铺设紧密相连的瓷砖时，要在接缝旁边的瓷砖之间钉入 10mm 的家居合缝钉（如右侧小图）——五金店或家居装饰中心有售。根据需要切割混凝土边缘的瓷砖，再用砂浆固定它们的位置。让砂浆固化 24 小时。

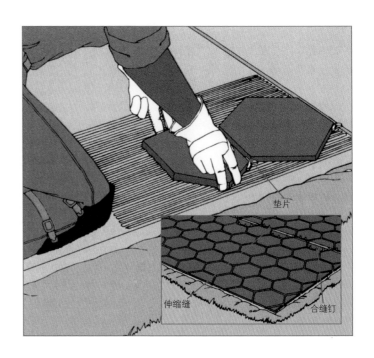

垫片

伸缩缝   合缝钉

接缝灌浆

用水泥浆填充连接处

如果你在瓷砖之间使用了塑料垫片，并且它们离瓷砖表面的距离不到 6mm，请移除这些垫片。撤走伸缩缝周围的所有合缝钉垫片，将卷起的报纸条轻轻塞入缝隙里，确保缝隙中不会进入水泥浆。在 0.3 ~ 0.4m² 的范围里，沿着砂浆接缝，按一定间隔使用少量水泥浆。跪立在胶合板上，这样能分散身体重量，避免瓷砖移位。用被水浸润的橡皮镘刀推动瓷砖之间的水泥浆。时不时地把镘刀在水里泡一下，让它保持湿润。

清洁瓷砖

让水泥浆干燥约 10 分钟，但不要超过使用说明上指定的时间。用浸湿的海绵擦去多余的水泥浆，轻轻地以弧形动作擦拭。多用干净的水冲洗海绵，但要拧干，避免海绵里水泥浆过多，还要避免把彩色水泥浆洗褪色。第一天每 4 小时给铺了瓷砖的表面喷一次水，让水泥浆慢慢固化。第三天以后，用干布擦拭，清除瓷砖表面的水泥浆残余物。

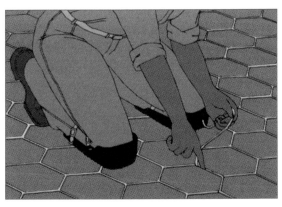

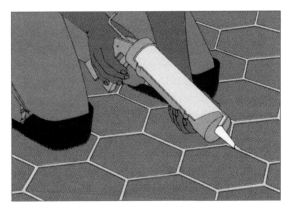

填充伸缩缝

在水泥浆固化后，清除伸缩缝里的报纸卷，把 10mm 的聚乙烯泡沫绳按入缝隙底部（如左上图）。用硅胶密封剂或聚硫密封剂填充所有空隙（如右上图），并立刻用厂商推荐的溶剂擦掉多余的密封剂。必须等密封剂干透后才能在瓷砖上行走。如果想给瓷砖封层，要等一周以上，让水泥浆彻底干透，然后涂上两层密封剂。

第五章

栅栏与墙

在户外搭建结构之前，有一些基础工作要做。第一步通常是确定房屋的各种限制。可能是寻找地界标记这样简单的工作，也可能是用经纬水准仪来了解房屋基本雏形这样相对直接的工作。如果地面有斜坡或不平整，你可能还需要把这个区域变成台地，为建筑物创造水平位置。

搭建栅栏或墙的理由有很多，比如可以增强房屋的私密性，或阻挡入侵者。搭建效果可以像实心砖墙一样壮观，也可以像宁静郊区之家标志性的尖桩篱栅一样亲切。但无论你决定搭建哪种结构，都有特定的基本工作要做，这样才能确保搭建物美观且耐用。

白色尖桩篱栅是久
经考验的经典选择。

上图和左图的
两种设计都使用了
石墙来强化视觉效
果。

石墙和花柔化了高木栅栏的视觉效果。

优雅的栅栏或墙能保护住户的隐私和安全，同时也不会抢走景观设计的风头。

基本测量技巧

在邻舍地界附近修建任何户外建筑之前，都需要明确你的建筑红线在哪里。首先研究本地区地图，上面标明了土地所有权。在绘制地图的时候，测量员要把金属桩打入选址角落的地面作为地界标记。如果你可以确定一个地界标记，那么通过地图和少量基础的几何知识就能找到其他地界标记了。你可以把金属桩钉在地界标记旁边来明确界限，然后在金属桩之间拉一条细绳。

一旦边界确定好，通过使用简单的测量技术和工具就能帮你规划好搭建物的位置和尺寸。可以用泥工线、木桩、木匠卷尺来精准测量距离，但在为搭建物选址时要离建筑红线30cm 以上，避免不小心侵占邻舍地界。观测浇筑地基时，以及确定与建筑红线平行或垂直的线条时，请使用经纬水准仪。

工具	材料
■ 卷尺	■ 木桩
■ 长柄重锤	■ 长杆
■ 铁铲	■ 粉笔
■ 磁力探测器	■ 泥工线
■ 经纬水准仪	■ 透明塑料软管

注意

在确定位置或挖掘沟槽之前，要先找到排水井、化粪池、污水坑、电线、水管、污水管道等地下障碍物的位置。

找到地界标记

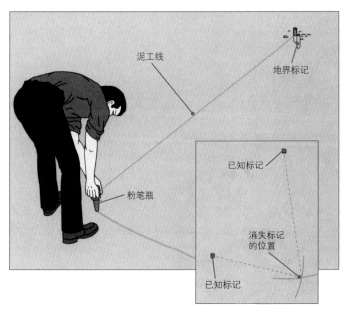

泥工线

地界标记

粉笔瓶

已知标记

消失标记
的位置

已知标记

利用两个已知标记

　　使用长柄重锤将木桩敲入已知标记旁边。（地界标记可能隐藏在林下灌丛里，或埋入地面几厘米。）在木桩上连接一条泥工线，长度与已知标记和消失标记之间的长度相等，地界图上有距离的具体数值。用粉末粉笔在靠近消失标记的地面画一条弧线（如左图）。在另一个已知标记处重复以上步骤。在两条弧线的交叉处挖掘消失标记。

利用一个已知标记

　　用粉笔在隐藏标记的大概位置上画一条弧线（如上图）。沿着弧线掠过磁力探测器（如右图）。在探测器指针发生偏移时挖掘标记。如果磁力探测器不起作用，可以试着使用金属探测器。如果两种探测器都不行，最后还可以请专业测量员重新标记建筑红线。

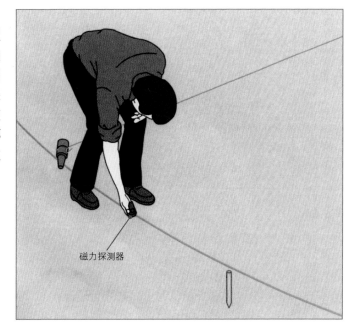

磁力探测器

简单的目测技巧和水平测量技巧

目测越坡直线

在起点和遮蔽点各敲入一根木桩。自己站在一根木桩旁边，让帮手站在另一根木桩旁边，再请两位帮手在两点之间扶住两根长杆，从起点和遮蔽点都要能看到两根木桩的顶部（如右图和右下小图）。在起点木桩处目测，让离你最近的扶杆的人开始走动，直至两根木杆在你的视线中形成直线。让遮蔽点的帮手与另一个扶杆的人重复以上步骤。不断调整，直至从两个位置看两根长杆都呈直线。用泥工线把四个点连接起来。

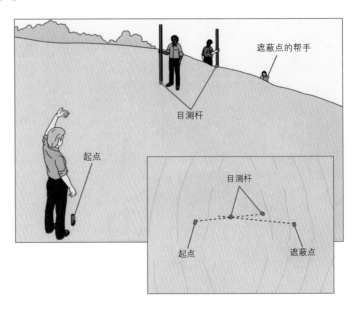

找到斜坡水平点

可以在木桩上或支柱上找一个点，使用水准仪或装满水的透明塑料软管在另一根木杆或支柱上的平行位置做一个标记。在第一根支柱上标记你想要的高度或已知高度。如图所示将软管放在两根支柱之间。握住软管一端，举至标记上方几厘米的位置，再请帮手握住软管另一端，举至大概同样高度。给软管加水，直至水位线达到标记处。确保软管中没有气泡，如果有气泡，堵住并放低软管的一端，让气泡升到表面。最后，在第二根支柱上标记软管中水的位置。

量角望远镜

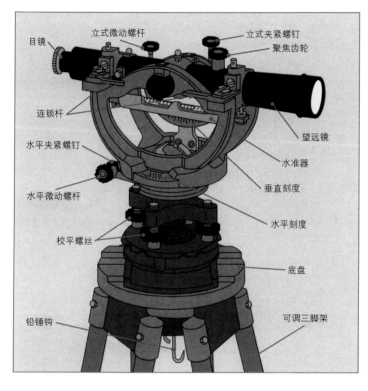

目镜
立式微动螺杆
立式夹紧螺钉
聚焦齿轮
连锁杆
望远镜
水平夹紧螺钉
水准器
垂直刻度
水平微动螺杆
水平刻度
校平螺丝
底盘
铅锤钩
可调三脚架

剖析经纬水准仪

经纬水准仪是一款专业的测量工具，它是一架可移动式三脚架望远镜，有精准的刻度盘可以读取垂直角度和水平角度的刻度。水准仪中心为20瓦轴心，能测量垂直刻度。整个支撑架围绕底架旋转，能测量横向刻度。望远镜下方的小水准仪能校准工具的水平和垂直角度。铅锤钩从底盘上悬挂而下。底架可以滑过底盘，确定木桩上或标记上的铅锤钩位置。四根校平螺丝能让经纬水准仪保持水平。通过垂直刻度和水平刻度来测量角度。只需要水平测量时，请参考后几页，可以用一组杆杠把望远镜锁定在水平位置。微动螺杆能通过旋转望远镜把目测木桩的数值归零。先夹紧螺钉，再锁定经纬水准仪。

测量不同角度的不同刻度盘

除了布置直线或直角（第164页），经纬水准仪还可以用来测量各种水平角度和垂直角度。被分为4条90°弧线的360°圆形刻度盘可以测量水平角度（如左上图），90°弧线刻度盘可测量垂直角度（如下图）。名为游标的小辅助尺充当主刻度盘的指针，可以读取1°的1/60或分数。

如果游标上的0落在主刻度盘的两度之间，请读取较低的数值，并用游标计算分度的分数值。从度数标记开始往上读数，找到游标刻度盘上与主刻度盘标记对齐的标记。计算两个主刻度盘数值之间游标的距离。每个空位代表5分，有几个空格就用这个空格数乘以5，得到分度值。右侧读数为17°15′。

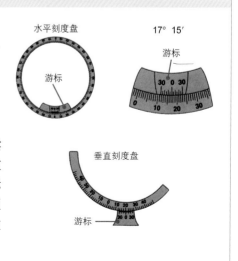

水平刻度盘
游标
17° 15′
游标
垂直刻度盘
游标

放置经纬水准仪

固定三脚架

在作为起点的地界标记上展开三脚架。一次移动三角架的一只脚，直到悬挂的铅锤距离标记中小于6mm。松开底盘的螺丝，调整木桩中心正上方的经纬水准仪。旋紧底盘螺丝。

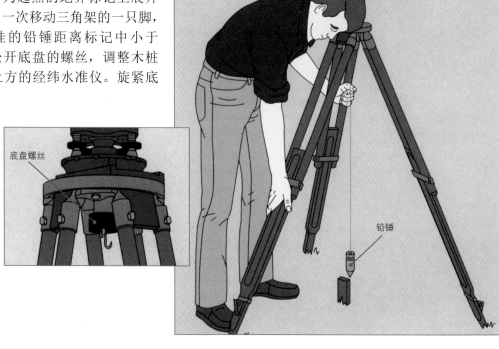

底盘螺丝

铅锤

将经纬仪调整至水平

将垂直刻度盘归零。松开夹紧螺钉，转动望远镜，直至它与一组校平螺钉对齐。旋转螺丝，直至水准仪里的气泡居中（如左图）。将望远镜旋转90°，使之与另一组校平螺丝对齐，以同样的方式调整这些螺丝。如有需要可重复以上步骤进行微调，直至望远镜旋转360°，水准仪里的气泡依然居中。

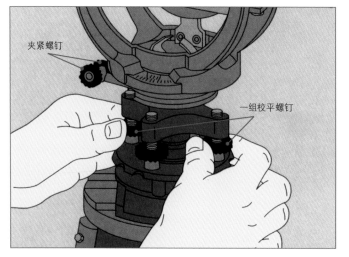

夹紧螺钉

一组校平螺钉

激光经纬仪

激光经纬仪取代了传统经纬仪的望远镜筒，它能发射激光光束，一个人就能使用这个装置。而传统经纬仪需要两个人一起操作：一个人守着望远镜，另一个人在目标处。激光经纬仪可以单人使用，使用者可以在对准目标发射激光光束后，再到目标处观察激光光束。

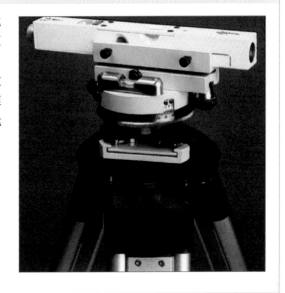

精确的线条和角度

长距离线条

在两点钉入木桩，使之相互对齐，为木桩之间的主要凸起点和凹陷点准备好中间目测杆。参考第166页，在起点上方固定经纬仪并调整至水平。聚焦远处的长杆，旋紧水平夹紧螺钉。请帮手在大概位置扶住最远的中间木桩（如右图），移动至视野中心，然后把木桩敲入地面。重复以上步骤钉入其他木桩。

目测杆

设定直角

　　如图所示，在木桩上系一条直线。将经纬水准仪上的水平刻度盘精确旋转 90°，旋紧水平夹紧螺钉，固定位置。请帮手移动另一根长杆，直至它位于交叉瞄准线上（如右图），然后把长杆插入地面。将经纬水准仪往回调 90° 至第一根长杆，检查角度是否正确，确保它也在交叉瞄准线上。

目测障碍物周围的平行线

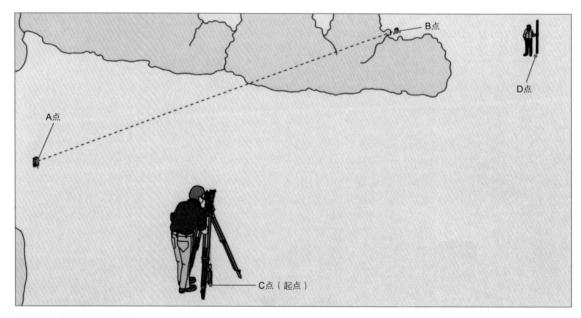

绘制出大致的平行线

　　你可能需要画一条与受障碍物遮挡的线条相平行的线，例如这个例子里的建筑红线 AB 线。把水准仪放在视野不受阻的起点木桩上方，并目测一条与 AB 线大致平行的线（如上图）。在这条线上的 D 点钉一根木桩，让 AB 线与 CD 线长度相等。在 C 点和 D 点之间拉一条泥工线。

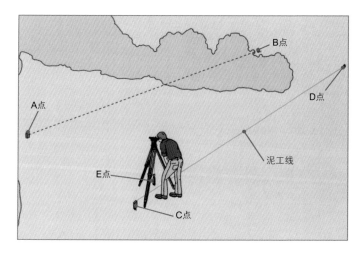

固定第一根木桩

在 C 点朝 A 点旋转水准仪 90°。沿着泥工线移动水准仪，让交叉瞄准线与 A 点木桩对齐（如左图）。朝 D 点旋转水准仪 90°，让交叉瞄准线与 D 点木桩对齐。如有必要可调整水准仪位置，把水准仪放在与 A 点和 D 点都成 90° 角的地方。将木桩钉入水准仪正下方，即 E 点。

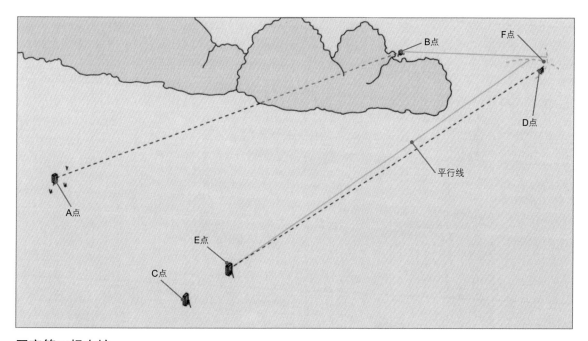

固定第二根木桩

测量 A 点和 E 点之间的距离，将一条与这个距离长度相等的泥工线从 B 点的木桩上引向 D 点，画一条弧形。松开连接 C 点和 D 点的线，将一端系在 E 点木桩上，另一端引向 D 点，画一条弧形。在两条弧线的交叉处（F 点）钉入木桩。现在 E 点和 F 点之间的线就与 A 点和 B 点之间的建筑红线平行了。

创建台地

　　房屋周围可能为丘陵地势，这样很难找到适合搭建建筑物的水平位置。常规做法是建一道挡土墙来创建台地。

　　土和水会对挡土墙造成很大的压力，因此必须确保框架结实，并且能够充分排水。先确认好当地排水系统的规章制度（地形轮廓的任何改变都会影响水流）和其他限制。

模块"石"墙

　　使用专门的混凝土墙块（第172页）能在短时间内打造出石墙外观，而且和石墙一样结实。这些混凝土墙块设计特殊，无需锚固就可以叠加到 60 ～ 120cm。每排墙块都通过凹凸沟纹与自己上方的墙块相连。墙块的正面通常比背面宽，这样更容易砌出圆形墙和蛇形墙。

支柱栅栏

　　想搭建高达 90cm 的简单挡土墙，可以在地面垂直打入一排木料，并用几条钢筋把木料串在一起。码头桩材或电线杆等"废弃"材料都是结实且经济的建筑材料。

局限性

　　用挡土墙创建的台地只适合轻度使用。如果挡土墙支撑的台地需要承重，尤其是承担交通等动态载荷，则需要额外锚固，请咨询建筑工程师。同样，高于 90cm 的墙通常需要获得建造许可，并且最好交给专家。

工具	材料
■ 卷尺	■ 木桩
■ 木工水平尺	■ 支柱
■ 线条水平仪	■ 钢筋（1cm）
■ 钉耙	■ 粗沙
■ 铁铲	■ 3/4 排水骨料
■ 方边铁锹	■ 碎石
■ 鹤嘴锄	■ 混凝土挡土墙快
■ 柱坑挖掘机	■ 混凝土黏合剂
■ 夯实棒	■ 庭院过滤织物
■ 橡皮锤	■ 泥工线
■ 长柄重锤	
■ 石工凿	
■ 填缝枪	
■ 电钻	
■ 1cm 船用钻	

安全提示

　　使用电钻时应佩戴护目镜，保护眼部。

挖掘选址

挖掘过的地面

挖掘选址

从坡底开始施工，用鹤嘴锄和铁铲沿墙开路。把挖出的土抛到墙后，形成小土堆，土堆高度略低于计划的挡土墙高度。

布置平整墙基

将木桩打入挡土墙末端。在木桩之间拉一条泥工线，用线条水平仪将泥工线调整至水平。使用铁铲和钉耙，让泥工线下方的土壤平坦并与泥工线距离相等。

线条水平仪

模块化墙块搭建的挡土墙

墙后式样

模块化墙块结构能防止墙后积水，以此消除冻胀性的威胁。无砂浆接缝让水能够渗入墙面。墙基为 10cm 厚的紧实水平粗沙层。对排水较差的土壤而言，可以在第一层安装 10cm 厚的钻孔排水瓦管。利用对准凸缘的方法，让每层墙块都与下层墙块稍微错列开来。用 2cm 的干净排水骨料回填挡土墙，再铺上 7cm 的表层土。如果土质细腻，可以把过滤布料（建材市场有售）铺在骨料下方，保持回填料的清洁。在模块化墙块厂商所推荐的挡土墙高度以内可不加固，搭建挡土墙时请始终遵循厂商的高度指南。

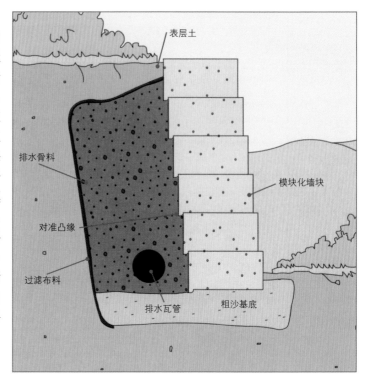

表层土

排水骨料

模块化墙块

对准凸缘

过滤布料

排水瓦管

粗沙基底

对准凸缘

铺第一层

　　沿着挖掘好的台地挖一条 30 ～ 45cm 宽、10cm 深的沟槽。如果土质太细，可以按第 172 页的方法，在沟槽一侧铺一层过滤布料。这块布的长度必须足以在顶层墙块布置好之后覆盖骨料。在沟槽里铺一层 10cm 厚的粗沙，然后夯实并整平。在墙基里布置第一层墙块，在沙里挖一条浅沟，摆放对准凸缘。让墙块背面与挖掘沟槽时布置的泥工线对齐（第 171 页）。将每块墙块的正面与背面对齐，侧面与侧面对齐（如左图），确保相邻的两块墙块对齐。可以用橡皮锤调整墙块位置。想要切割摆在末端和拐角的墙块时，先用石工凿和长柄重锤刻划，再用凿子从四面用力敲，直至墙块分裂。

回填每排墙块

　　为了提升墙后排水性，可以在与第一排墙块水平的地方安装一根 10cm 的钻孔塑料排水瓦管，请参考第 172 页。移走对齐木桩和泥工线，然后把第二排墙块砌在第一排上方，让第二排墙块的对准凸缘在第一排墙块后边缘的上方悬空。重叠墙块，让两排墙块的交界处错列开来。边铺边用 2cm 的排水骨料回填墙块后方（如右图），回填至必要高度，继续添加几排墙块。

固定顶层

铺最后一层墙块之前，先给前一层墙块涂两条混凝土黏合剂（如右图）。将过滤布料折叠起来覆盖在骨料上，再在墙后填 5 ～ 7cm 的表层土。

建造栅栏挡土墙

挖槽

为挡土墙挖槽（第 171 页）。在细绳下挖一个柱状槽，深度等于墙高加 5cm。这个柱状槽要比挡土墙的支柱宽 10cm。用方边铁锹（如下方小图）在槽的下坡面打造平整承托面。从一端开始，使用柱坑挖掘器为单根木料挖一个坑，坑的深度是柱状槽的两倍。

将墙钉在一起

在柱坑里固定角柱，用碎石填坑，并用夯实棒夯实碎石。在第一个坑旁边挖一条能容纳4条较短支柱的浅沟槽，将第二根支柱插入沟里，用 1cm 的船用钻钻两个洞，一个在地面以上（如左图），一个在地面以下，这两个洞必须贯穿两根木料。如果木料很硬，你可能需要租一把电钻，如图所示。将 1cm 的钢筋插入两个洞里。重复以上步骤布置好每一条短支柱，坑洞高度应错列开来，这样钢筋才不会相互交错。在坑里添加碎石，固定支柱。插好并连起四根木料后，用柱坑挖掘机另挖一个深洞。重复以上步骤安装第五根木料。边立支柱边用碎石填坑，每 10cm 就夯实一次，然后用移走的土壤填满墙与挡土结构之间余下的空间。

栅栏与墙的修补

即使是质量最好的栅栏，也总有需要修补的一天。交通、天气、时间的影响都会对栅栏造成损害。但是，一些简单的修补能就延长栅栏的使用寿命。最常见的问题就是木材腐朽。通常说来，大部分木板在只有末端腐烂的时候依然很结实。快速的解决方法是，用小木块支撑受损木板（如下页图）。持续损耗的木板则可以用一根辅助横木支撑（第178页）。如果想确保修补长期有效，可以购买加压木料。

有问题的支柱

可以用夯实棒夯实支柱周围的土壤，固定土里松脱的支柱。如果支柱需要额外支撑，为它添加2×4规格的辅助支柱（第178页）。移走并替换土里或混凝土里损坏严重的支柱（第179页）。

砖墙修补

偶尔在砂浆接缝开裂或砖块破损时，还需要替换新的砖石。可以用撬杆或冷凿的末端从墙上取出松脱的砖石。也可以用冷凿和长柄重锤取走破损的砖石。首先要破坏砖石周围的砂浆，然后将它分割成能用撬杆移走的小块。

重建石墙

虽然石头寿命很长，但石墙需要经常修补。因为石头除了要承受自身的重量，还要经受冻胀等持久性的压力，因此有一部分石头可能会倒塌。重建一面墙并不复杂，但需要耐心和反复试验。把石头搬到墙壁仍然坚实的水平面，大部分情况下意味着直接搬到地面上。重建一面墙的时候，要将石头叠加起来。

工具	材料
■ 夹钳	■ 2×4规格木料，2×6规格木料
■ 锤子	■ 2.5cm胶合板
■ 长柄重锤	■ 木桩
■ 钳子	■ 普通硫化钉（75mm、90mm）
■ 扳手	■ 硫化木螺丝（38mm、75mm、8号）
■ 螺丝刀	
■ 电钻	
■ 螺丝刀钻头	■ 车架螺栓（10mm），垫圈
■ 锉刀	■ 螺丝眼（1.3cm）
■ 手锯	■ 螺丝扣和钢丝绳
■ 圆锯	■ 混凝土块
■ 钢锯	■ 碎石
■ 撬杆	
■ 夯实棒	
■ 铁铲	
■ 柱坑挖掘器	
■ 千斤顶	
■ 硬纤维刷	
■ 冷凿	
■ 勾缝刀	
■ 石工镘灰板	

安全提示

使用电钻时要佩戴护目镜，切下砂浆时要戴工作手套和护目镜，使用湿砂浆时要戴手套。处理加压木料时也要戴手套，因为加压木料含有坤化物防腐剂，容易对手部皮肤造成伤害。同时，切割加压木料时还要戴上防尘面具。

加固松脱栅条

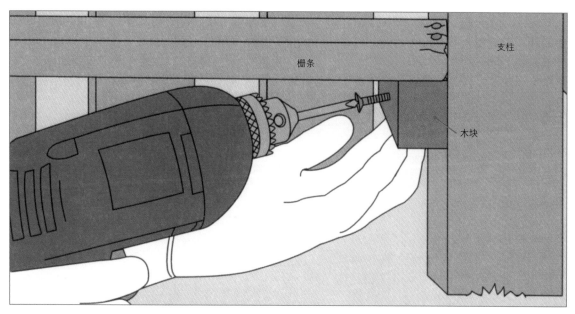

支柱

栅条

木块

支撑栅条末端

从 2×4 规格的木料上切一个与栅条同宽的木块。在木块上钻两个 10mm 的穿通孔，让螺丝能够在洞中自由通行。将这片木块固定在栅条下方，并用两根 75mm 的硫化木螺丝将它旋紧（如上图）。

用辅助栅条支撑栅条

切掉栅条的受损部分。切割与栅条长度相同的加压木料（通常为2×4规格）并放在两根支柱之间。将辅助栅条放在旧栅条下方（如果下方没有空间，也可以放在上方），每隔30cm就固定一次。用90mm的普通硫化钉把辅助栅条钉在支柱两侧及下方。在木板上每5m左右钻一个直径10mm的洞，使它们不处于同一直线（如右图）。在洞里安装10mm的车架螺栓，然后移走夹钳。用木料填充栅条之间的空隙，并用75mm硫化钉锁紧。

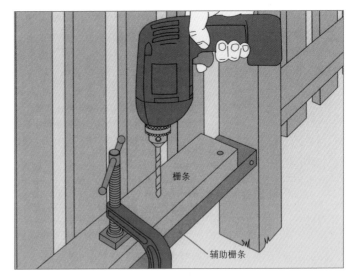

栅条

辅助栅条

加固支柱

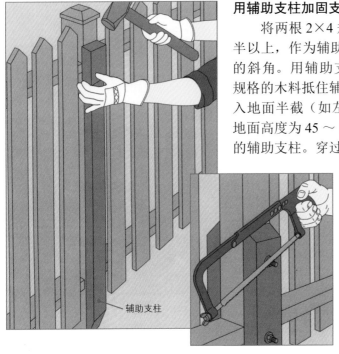

辅助支柱

用辅助支柱加固支柱

将两根2×4规格的加压木料切割至支柱长度的一半以上，作为辅助支柱。在每根木料的一端锯一个45°的斜角。用辅助支柱抵住栅栏支柱，斜口向外。2×4规格的木料抵住辅助支柱的顶部，用长柄重锤将支柱敲入地面半截（如左图）。用圆锯将顶部锯出45°角，离地面高度为45～60cm。用同样的方式放置及切割对侧的辅助支柱。穿过3根支柱钻2个洞，用10mm的车架螺栓固定辅助支柱。用钢锯修整螺栓（如下方小图），再锉掉毛边。

替换支柱

固定替换支柱

移除旧支柱之前要先标出它的位置，在损坏支柱某一侧的两根支柱之间拉一条紧绷的细绳。在支柱两侧系两根作为标记的细绳（如左图）。如果损坏的是角柱，可以将细绳从栅栏处延长，越过拐角支柱，然后把两条细绳分别固定在两个木桩上（如下方小图）。

移动旧支柱

移动支柱两侧的栅条和栅栏。如果有支柱和基脚，请用铁铲和柱坑挖掘器清除支柱周围的土壤，然后将支柱来回摇动，将它们松脱。像安装新支柱一样安装替换支柱，然后重新安装栅条和栅栏。如果支柱太重，难以靠一两个人搬动，特别是插在混凝土里的情况下，可以借助千斤顶。将30cm长、2×4规格的木料钉入支柱，再在这根木料下方钉入2×6规格的木料，将这个工具的一端放在千斤顶上，另一端放在一组混凝土块上（如右图）。支撑柱千斤顶，请帮手扶住支柱，用千斤顶将它抬起。

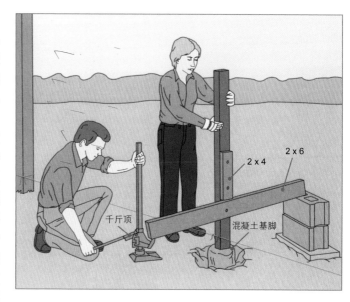

2×4

2×6

千斤顶

混凝土基脚

修补松垂的门

支架

栅条

用木料支撑

　　用木块支撑大门门闩一侧的下方，把门固定在正确闭合的位置。同时，以同样的角度钉好支架，让栅条以斜角横穿顶部栅条和底部栅条，沿着栅条在支架背面画好切割线（如上图）。按照标记切割支架。将支架放在栅条之间，并在离支架两端 2.5cm 的地方各钻一个穿通孔和导孔（如上方小图）。在栅条上钉入 38mm 的硫化木螺丝。每隔一条尖木桩钉入一枚 2.5cm 螺丝。如果大门依然松垂，可以尝试用金属丝与螺丝扣拉索进行调整。

钢丝钳

螺丝扣

金属丝与螺丝扣拉索

用金属丝与螺丝扣拉索支撑

　　将 8cm 螺丝扣打开到最大限度,用钢丝钳将钢丝连到螺丝扣的每端(如
左上方小图)。钢丝长度可随大门尺寸调整。如图所示,将 1.3cm 的螺丝眼
固定在铰链侧顶部栅条的角落和底部栅条的对角处,然后与螺丝扣的钢丝
末端相连,用钳夹剪掉多余的钢丝,将螺丝扣锁紧,把门推回门框里(如
上图)。

给干砌墙补石头

楔子

在紧窄处放入石头

　　有时可以徒手嵌入石头。如果需要借助外力，可以用长柄重锤调整石头位置，将木块作为缓冲敲击力的衬垫。除此之外，还可以利用木制或金属制的楔子加大开口。用长柄重锤将楔子直接敲入开口上方的石头与开口两旁的石头之间。根据所需敲入尽量多的楔子，直至将开口打开到能够重新放入缺少的石块。嵌入石块（如上图）并拉出楔子。

重建干砌墙

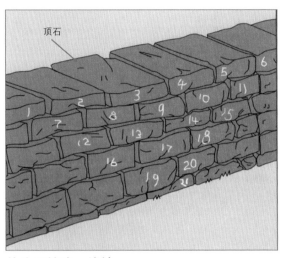

顶石

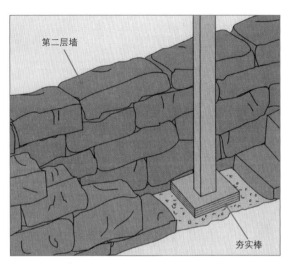

第二层墙

夯实棒

从头开始建一堵墙

　　想要重建一堵墙，要将 V 形区尽可能地搬至最低点。除非第一层墙背后的第二层墙有石头损坏，这些石头必须保持原封不动。用粉笔在石头上标好数字，便于计划如何移动石头，让重建工作更简单（如左上图）。请帮手一起搬运较重的石块，从离损坏区两侧至少 60cm 的地方开始移动石头。撬杆能松开所有紧贴着的石头。为了放低沉重的石头，可以用 2×6 规格的木料抵住墙，让石头从木料上滑下。如果 V 形区要拆除到地面，将 2.5cm 厚的胶合板固定在 2×4 规格的木料上，制作夯实棒。夯实地面（如右上图），如有需要可添加碎石，使之与周围土地齐平。按照与搬离石头相反的顺序来重新放置石头。将每块石头牢牢放在下面石块的上方，如有必要，可使用小石头作为填隙片。小心放置顶层石头，这些顶层石头的宽度是下方那层石块的两倍，重量也是下方那层石块的两倍。尝试倾斜石块补位，而不是单纯地平铺。如有需要可以把小石块垫在下方。

安装栅栏支柱

想要打造美观结实的栅栏，关键在于要有一排结实牢靠的栅栏支柱，并且排列松紧得当。支柱是栅栏的重要组成部分，能够承受和支撑大门和栅条。

栅栏支柱的材料种类繁多，请参阅第 158 页的方框。在安装任意一种支柱之前，请检查建筑红线以及当地的要求或建筑法规，它们可能限定了栅栏的高度或与街道的距离。

要想保护栅栏顶部免受雨水侵蚀，可以在安装支柱之前在支柱上砍出 30°～ 45° 的斜角，也可以用塑料柱帽和金属柱帽覆盖支柱。

垂直安插支柱及固定

通常情况下，支柱的 1/3 应该在地面以下。对相对稳定的土壤而言，可以用夯实土或碎石来固定支柱。门柱、端柱、角柱都是承重柱，应该把它们尽可能地插入混凝土里。如果你认为使用混凝土很麻烦又很贵，那么也可以使用加长木料充当这些关键支柱，将它们尽可能深地打入地里。

不要让柱坑空着，应尽快将支柱插入洞里。或者至少要标记好插入支柱或长木桩的地方。

安全提示

处理加压木料时要戴手套。切割加压木料时还要戴上防尘面具。

解决冻胀问题

支柱底下和周围的冰水会膨胀，可能会将木料顶起。解决办法之一就是将支柱沉入冻结线以下，而这条线的位置在每个地区各不相同。通常说来，不太可能将支柱沉入地面 90～ 106cm 更深的地方。在这种情况下，可以把支柱安插在混凝土里。在支柱上钉入半截钉子，能更好地将支柱固定在混凝土里。想要增强稳定性，首先要把柱坑底部拓宽成为钟形，这样支柱周围的土就能固定住混凝土。

无论你是否使用混凝土，都要保证将支柱底部插在 15cm 厚的碎石里。安装高级排水系统能降低冻胀的风险，防止支柱底部浸入地下水或腐烂。第 190 页展示了安装支柱的四种方式。

工具	材料
■ 木工水平尺	■ 1×2 规格木料
■ 线条水平仪	■ 木桩
■ 铅锤	■ 普通钉子（38mm）
■ 1×2 检油尺	■ 碎石
■ 锤子	■ 预搅拌混凝土
■ 长柄重锤	■ 泥工线
■ 手锯	
■ 镘刀	
■ 铁铲	
■ 园艺铁锹	
■ 柱坑挖掘器	
■ 夯实棒	

一系列支柱材料

榫眼雪松
木支柱

普通雪松
木支柱

PVC
支柱

经处理的
6×6规格
支柱

经处理的
4×4规格
支柱

加压木料是最热门的栅栏支柱木料之一，原因很简单：它们结实、好买，至少能用20年。但是也有其他很好的选择。如果当地售价合适，那么红木、红雪松木、白雪松木、刺槐木等天然耐木也是佳选。它们常用于制作造型朴素的栅栏。虽然PVC支柱比木支柱贵，但它们十分美观，而且能用一辈子。

对大部分木栅栏而言，最好用大于4×4规格的支柱支撑，但较矮的尖桩篱栅可以用2×4规格的支柱支撑。所有角柱和门柱都应该至少为4×4规格或更大的规格。

布置支柱

在平地安装支柱

将木桩打入端柱位置，并在它们之间拉一条泥工线。测量支柱之间的距离，按最小切割来计算组成栅栏栅条的栅栏木料的标准长度。通常情况下，支柱之间的间隔最多2.5m。那么，5m长的木料就能横踞3根支柱。切割1×2规格的直木板制成检测尺，长度与栅栏块相等。在支柱的位置插入木桩（如右图）。调整门柱间距，以免栅栏太窄。

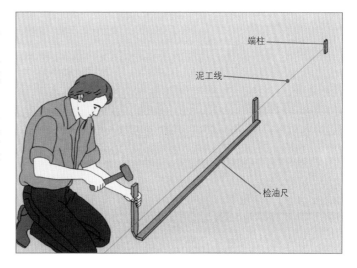

端柱

泥工线

检油尺

185

线条水平仪

检测尺

在非平地安装支柱

对顶部平整的栅栏而言，可以在两根端柱之间拉一条泥工线，然后用线条水平仪校平。请帮手用检测尺沿线测量，从线上垂下铅锤，确认地面每根支柱的位置（如上图）。在每个位置钉入一根木桩。对随地形起伏的栅栏而言，要在栅栏两端及之间的高低点各钉入一根木桩。用泥工线将所有木桩相连，如上图所示，沿着泥工线均匀布置木桩作为其余的支柱。

标记直角

这种标记直角的简单方法已经沿用了几世纪。钉入木桩，确定第一条栅栏线，将一根木桩钉在你想要的角落。在这两根木桩之间连接一条泥工线，然后把标记细绳系在线上90cm处。从角桩再拉一条线，与第一条线大致垂直，将它固定在定斜板上——这是一块钉在两根木桩上的水平木板。在这条线上1.2m处系一根标记细绳。沿着定斜板拉线，让两条标记线之间的距离为1.5m（如右图）。这时两条线之间的角度为90°。

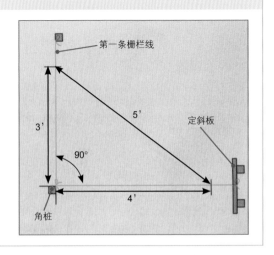

第一条栅栏线

5'

定斜板

3'

90°

4'

角桩

挖柱坑

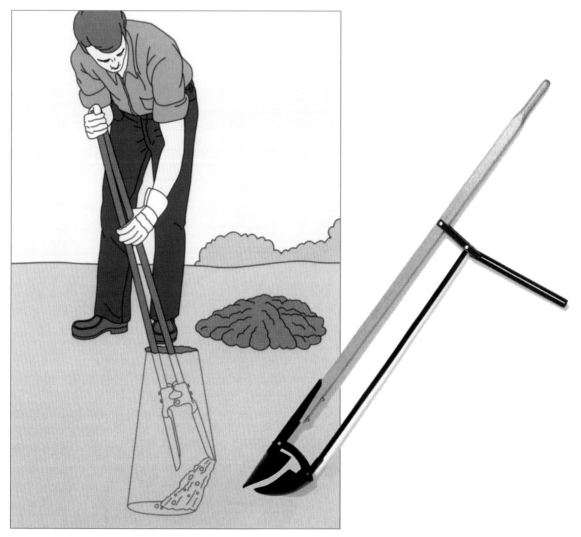

用柱坑挖掘器挖坑

从木桩上解下泥工线，将它放在旁边用于对齐木桩（第 189 页）。用铁锹在木桩周围划割一圈草皮。如图所示，用掀盖式柱坑挖掘器挖掘柱坑。对多沙黏土或重质黏土而言，上方实物图所示的挖掘器效果最好。如果支柱插在混凝土里，那么需要挖一个宽度是支柱三倍的坑。如果支柱插在夯实土地里，那么需要挖一个宽度是支柱两倍的坑。如果土层冰冻线超过 90cm 深，那么需要倾斜挖掘器加宽坑洞的底部（如上图）。将坑洞延伸至比所需深 1.8m，并倒入 15cm 厚的碎石。

省时挖洞机

深度标志

　　如果要插入 10 根及以上的栅栏支柱，可以考虑租用一台机械钻。除非你钻的是石头非常多的土壤或重质黏土，否则机械钻能省时省力。上图使用的二人钻地机撞到石头时，没有单人钻地机容易移出洞口。

　　使用机械钻时，用胶布在钻头上标记好柱坑深度，把机械钻放在标记好的地面位置上方。打开引擎，通过手持阀门调整速度。钻头钻入地面后，需要引导挖洞机。挖 20 ～ 30cm 之后，抬起钻头并清洁钻头上的土。如果撞倒石头，用挖掘棒或鹤嘴锄搭配铁铲，把石头撬松。

对齐栅栏支柱

支撑端柱或角柱

将两根木桩打入柱坑相邻两侧地面。用一枚 38mm 的普通钉子将支撑木板钉在每根支柱上。将支柱放入洞中央,使用木工水平尺让支柱一侧垂直(如左图)。也可以使用专门的支柱水平仪(如下方小图),它能让你一次查看两个方向是否垂直。将第一根支架钉在支柱上,然后检查另一侧是否垂直,确定后固定第二根支架。

对齐中间支柱

将两条线连在端柱上,一条线靠近顶部,另一条线贴近地面。请确保顶部线条所连接的距离与支柱顶部的距离完全相等。将中间支柱放在洞里。根据校准线添加或移走碎石,将支柱调整至正确高度。请帮手将中间支柱的一侧与两条线对齐,然后用水平仪将相邻侧调整至垂直。目测顶部线条,确认支柱高度并对齐(如右图)。可以通过移动支柱底部来对齐。

校准线

安置支柱的四种方式

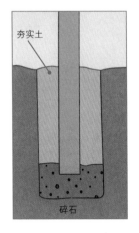
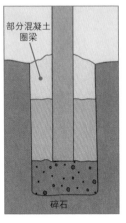
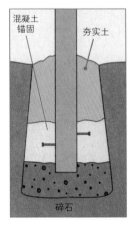
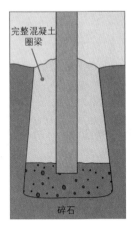

夯实土　碎石

部分混凝土圈梁　碎石

混凝土锚固　夯实土　碎石

完整混凝土圈梁　碎石

固定栅栏支柱有多种方法。选择填料时会受到土壤类型、预期用途、气候、预算的影响。所有方式都常用的成分是 15cm 厚的碎石底层。它有助于防止水聚集在支柱底部，因为水会从支柱底部被吸收进木料切面，从而加速木料腐烂。

最简单的方法是替换并夯实挖坑时移走的土壤。这种方式适合高度低于 1.2m 且支柱插在排水良好的土壤里的栅栏。它能减少冻胀的风险。

最实用的方法是使用混凝土支撑支柱，有两大理由：结实、防冻胀。如果需要加固栅栏，且冻胀又不造成很大的威胁，可以用夯实土将洞填至半满，再在上面填满混凝土，制作部分混凝土圈梁。如果支柱只需要防冻胀，那么可以灌混凝土填坑 2.4 ~ 3.6m，然后把钉子部分钉入支柱，将支柱固定在混凝土里。

完整混凝土圈梁从排水碎石层延伸至略高于地面，它无疑是安插支柱最结实的方式。它能防冻胀，还能让支柱结实得足以用来挂门或支撑高栅栏。

　　未加工的圆形雪松木支柱、刺槐支柱、红木支柱的大底常常是弯的。想要使用这些支柱，可以先挖一个深度合适的坑，然后将洞的一侧塑造成与支柱弧线相匹配的形状，让支柱露出地面的部分能够垂直站立。最后，挖一个比第一个坑深 15cm 的坑，填入 15cm 碎石便于排水。夯实土地后，直接用未施加任何操作的原状土壤支撑支柱，起到加固作用。

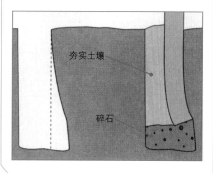

夯实土壤

碎石

在夯实土里固定支柱

　　请帮手扶住垂直支柱，使之碰到校准线（第 27 页），用土填坑 7 ～ 10cm 厚，边填边用夯实棒平整的一端或 2×4 规格的木棒夯实地面。不要故意移动支柱的位置。如果你只使用土壤填坑，要将洞填满至溢出，然后在支柱周围塑造一个土坡减少径流。如果用混凝土填充洞口顶部，只要用夯实土填洞至合适高度，给混凝土留下填充空间即可（如上页图）。

在混凝土里固定支柱

确保支柱对齐与垂直。用方边铁锹准备一批预搅拌混凝土，然后填满柱坑。用铁铲搅动混凝土，消除所有气孔，但要小心不要把支柱敲离原位置。填入混凝土至略高于洞口，用镘刀调整混凝土形状并在支柱下方塑造坡形，加强径流引流。在移走支架或连接栅栏之前，要让混凝土晾干48小时。如果你只布置一个混凝土锚固，要倒入20～30cm的混凝土。通常情况下，按照这种用量，每根支柱需要使用大约1包预搅拌混凝土。

木制栅栏

几乎每种木栅栏都建立在直立支柱和连接栅条或纵梁的框架基础上。这种简单的构架可以支撑各式各样的栅栏，几乎能满足任何需求。仅由支柱和栅条组成的栅栏是清晰的界限标记，适合崎岖地形，可以用最少的木料覆盖最大范围的地面。从侧面给支柱和纵梁框架钉钉子，用矮尖桩篱栅来装饰前院边界或高木板栅栏边界（第201页），这样能保护隐私，还能把儿童和宠物限制在一定范围内。

建筑材料

在所有形式的栅栏里，首先要关注的是建筑材料的质量。用加压木料或天然防腐防虫木料来组装栅栏，例如雪松木或红木。它们都比建筑级别的木料贵，但是它们更耐用。用热浸硫化扣合、铝制扣合、不锈钢扣合来锁紧它们，这些材料不会腐蚀或污染栅栏。

支柱和木板组成的栅栏

将木板栅栏钉在4×4规格的支柱上。对三根栅条式栅栏而言，支柱可以高达90～107cm。对四根栅条式栅栏而言，支柱可以高达120～137cm。为了保护支柱顶部免受腐蚀，可以在支柱顶部使用塑料帽盖或金属帽盖，也可以使用有角度的带帽栅条。

尖桩栅栏

这类栅栏造型各异。如果找不到预制尖木桩，也可以自行切割。尖桩栅栏可以采用任意高度设计，但通常为90～120cm，将1×4规格的尖木桩固定在顶部纵梁上方15cm处。

尖桩栅栏顶部可以切割成任意数量的创新形状。制作短栅栏的最佳工具是马刀锯。如果要切割许多栅条，可以使用带修边钻头的刨槽机。

支柱和栅条组成的栅栏

将末端为锥形的栅条插入榫眼支柱，这些栅栏比支柱与木板栅栏更结实，安装起来同样简单。修剪支柱和栅条栅栏时，并非先安装支柱，而是在栅栏完全安装好之后，将它们插入坑里。各种造型的装配式榫眼支柱和锥形纵梁在建材市场的木料供应商处有售。

工具		材料	
■ 卷尺	■ 手锯	■ 栅栏支柱和栅条	■ 硫化木螺丝（3cm
■ 木匠水平尺	■ 圆锯	■ 1×4 规格木料，	的螺丝，6cm 的
■ 组合角尺	■ 马刀锯	1×6 规格木料	螺丝）
■ 矩尺	■ 电钻	■ 2×3 规格木料，	■ 角钢
■ 夹钳	■ 螺丝刀钻头	2×4 规格木料	■ 泥工线
■ 锤子	■ 2cm 铁锹钻头	■ 木桩	■ 砂纸（中级）
■ 长柄重锤	■ 钻导引架	■ 合缝钉（2cm）	■ 木胶（室外）
■ 夯实棒	■ 钻床架	■ 普通硫化钉	
■ 刮刀	■ 刨槽机和修边钻头	（65mm、90mm）	

简单的支柱和木板组成的栅栏

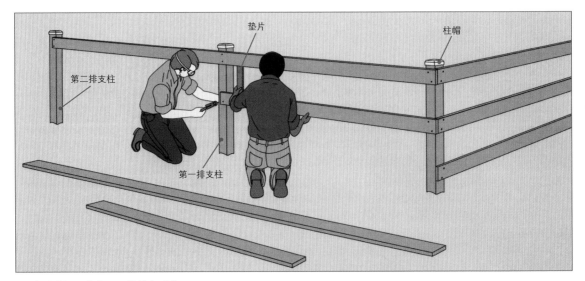

建造支柱和木板组成的栅栏

　　从角柱或端柱处延伸出 1×4 规格或 1×6 规格的木料，直至第二排支柱中心处。用 65mm 的普通硫化钉将木板钉在支柱上。修整第二层木板，让它能从角柱延伸至第一排支柱中心处，然后借助长度合适的垫片将它固定好（如上图）。这样可以将接缝错开，打造更结实的栅栏。往对角处安装栅栏，用一根木板覆盖三根支柱，直至末端需要较短的木板为止。最后，把金属帽盖或塑料帽盖钉在支柱上。

带帽栅条的完工效果

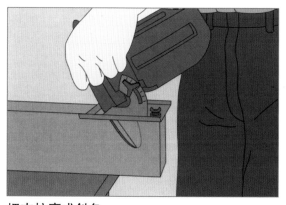 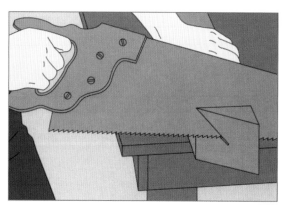

把支柱磨成斜角

在把支柱插入地里之前，先在支柱顶端锯 30° 斜角，为每根支柱的柱帽做准备。设定好圆锯，在离支柱一端 7cm 的地方，穿过支柱切割出 30° 斜角（如左上图）。锯子只能切到一半，剩下的必须用手锯锯完。如果要准备角柱，可以在相邻侧从 30° 角的位置切第二刀（如右上图）。按照第 190 页的指南安装支柱。

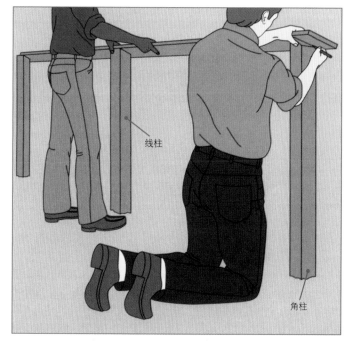

线柱

角柱

标记带帽栅条

请帮手帮忙，扶住 1×6 规格的角柱顶端和线柱顶端。请帮手把木板一端放在线柱中心处，与此同时，自己沿着角柱顶部角落在木板下方做标记（如左图）。标记好适合其他角度角柱的带帽栅条。使用组合角尺，在每块木板上都做好标记，辅助切割。

切割带帽栅条

用圆锯切割30°角。沿着上一步做出的标记切割栅条（如右图）。用65mm的普通硫化钉将其中一根带帽栅条与角柱和线柱锁紧，让栅条顶部与斜角支柱的顶部边缘齐平。放好带帽栅条，再测试一下其稳定性（如右上小图）。如有必要，可用短刨修整木板。

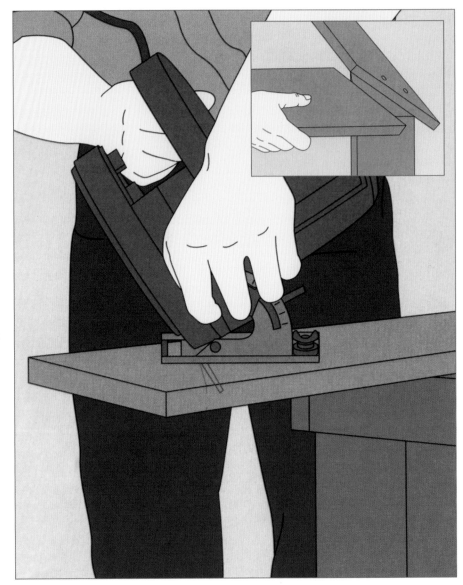

基础尖桩栅栏

斜端

纵梁

角柱

线柱

角钢

安装纵梁

纵梁可以如图所示面朝下安装，也可以竖立。前一种方法，在栅栏的压力下更可能下陷，后一种方法在风吹时更容易弯曲。可以将2×4规格的木料放在每组支柱之间，并用硫化木螺丝将角铁固定在每根支柱上，打造底部纵梁。将纵梁固定在支柱上离地约20cm的地方，把螺丝穿过角铁，用90mm的普通硫化钉将2×4规格的木料平面钉起。切割第一根顶部纵梁，长度需可以从角柱延伸至第一根线柱中间。将木板一端倾斜45°，使之触及相邻栅栏线的纵梁。在纵梁两端各钻两个穿通孔，然后用65mm的木螺丝把纵梁固定在木板上（如左图）。继续用同样的方式安装纵梁，使用2×4规格的长木料覆盖尽可能多的支柱。在尖木桩顶部雕刻图案（如下图）。如果购买了预切割尖木桩，可以直接把它们连接起来。

尖木桩图样的模板

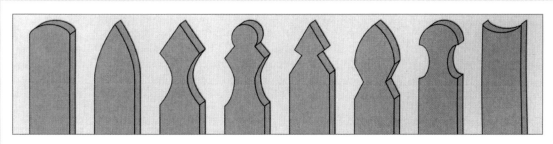

从简单的圆形到较复杂的图案，上方图片展示了你可以自行切割的尖木桩顶部图案。第一步是在纸上设计图案。然后把图案转移到1×4规格的木板上，再用马刀锯雕刻形状。将所有粗糙的地方磨光滑。你可以把这张图作为在尖木桩上花图案的模板，然后再用马刀锯逐个切割（第198页）。也有更快速的方法，在1.3mm厚的胶合板上切割形状，然后将它作为刨槽机的模板（第199页）。

徒手切割图案

在尖木桩上画出模板图案，然后把尖木桩夹到工作台上。在尖木桩边缘到急转弯处之间切割缓释切口，这样能避免马刀锯的刀片被切口困住。对齐刀片与切线的起始处，然后把锯送入木料里，引导工具将刀锋对准线条切割（如右图）。用中级砂纸磨平所有粗糙点。

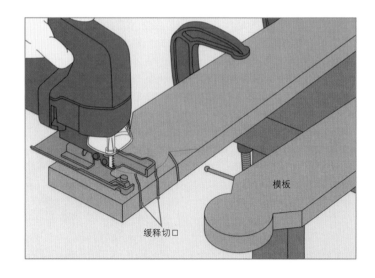

模板

缓释切口

垫片

木栓

连接尖木桩

制作垫片固定尖木桩的高度和间距：切一片与尖木桩一样长的木料，然后把它锯至适合填充每根尖木桩之间间隙的宽度。将木栓连在垫片上，让它挂在顶部纵梁处的合适位置。在每根尖木桩上能接触到纵梁的地方钻两个穿通孔。将第一根尖木桩抵住端柱边缘，让它的尖头与垫片顶部齐平。用水平仪让尖木桩保持垂直，再用6cm的螺丝固定。继续用这种方式（如上图）安装尖木桩，每安装几根，就用水平仪检查一次，保证它们是垂直的。

用刨槽机制作尖木桩

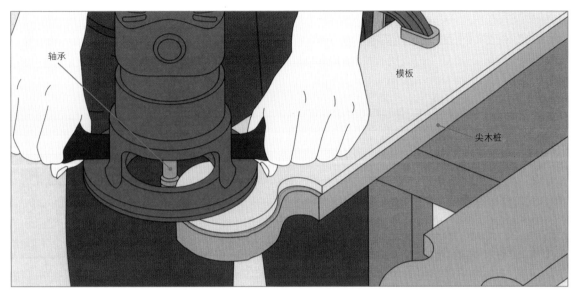

轴承

模板

尖木桩

沿模板切割

在尖木桩上绘制模板轮廓（第 197 页），然后用马刀锯沿轮廓线外 6mm 切割出大致图案。让模板与尖木桩上方对齐，并用夹钳将它们固定在工作台上。给刨槽机装上修边钻头，调整切割深度，让轴承与模板对齐。切割时，将刨槽机移向尖木桩，直至轴承碰到模板。让刨槽机环绕尖木桩移动，运动方向与钻头旋转方向相反，轴承始终要压住模板。

耐久替代品：乙烯基栅栏

乙烯基栅栏比传统木栅栏多了许多优点，使用寿命长是它的主要优点之一。乙烯基栅栏造型选择繁多，也不太需要维护，而且在使用寿命走到尽头时能百分百回收，但乙烯基栅栏可能比同类木栅栏价格要贵。但是，从长远来看，乙烯基栅栏无需护理的特质使之成为经济之选。

用朴素的尖木桩打造弧形图案

搭建尖木桩板

尖木桩板框架由2×3规格的木料制作而成，让尖木桩与4×4规格支柱的外表面平齐。如果你希望框架更结实，也不介意尖木桩比支柱突出一些，可以使用2×4规格的木料。用2×3规格的木料制作长方形框架，填满每组支柱之间的空隙。对每种框架而言，都应将尖木桩切割至与最长尖木桩齐平的长度，并在与纵梁相通的地方钻好穿通孔。把底部纵梁放在地面上方20cm处。把一根尖木桩放在框架中间，用木工角尺检查尖木桩是否与纵梁呈直角。按均匀间距布置好剩余的尖木

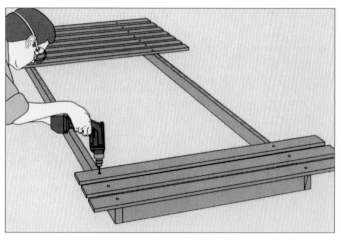

桩，在框架上标记好尖木桩的位置。用6cm的硫化木螺丝固定尖木桩。

末端钉子

绘制弧形图案

在第一块尖木桩板上，从顶部中央的尖木桩开始测量你想要的弧线深度，然后钉入钉子。将两枚末端钉子钉在尖木桩板的顶部，每根钉子距离中央钉子的距离与半块尖木桩板的长度相等。将泥工线系在一个末端钉子上，拉着这根线环绕中间的钉子，再系在另一个末端钉子上。移走中间的钉子。保持泥工线紧绷，用铅笔沿线在尖木桩板上画一条弧线（如上图）。用这种方式给每块尖木桩板做标记，并用马刀锯切割弧线。

安装尖木桩板

把一块尖木桩板放在支柱之间。下面垫一组4×4规格的木块，让最高的尖桩达到理想高度。将尖木桩板夹在支柱两端。在框架上钻几个穿通孔，用6cm的木螺丝将框架固定在支柱上（如上图）。如果一段时间后尖木桩板松脱了，可以在第一层尖木桩板的下方添加2×3规格的木料，让木料直立且正面与尖木桩相抵。

私密高栅栏

许多私密栅栏的建造都与第 197～198 页的尖桩栅栏一样。将标准加压木料钉在简单的支柱和纵梁框架上就能打造各式各样的美观栅栏。预制木料则可以直接钉在支柱上，或装在支柱和纵梁框架里。

高栅栏主要靠 4×4 规格支柱与 2×4 规格纵梁构成框架支撑。最简单的私密栅栏只要将垂直木板和狭长板条直接钉在顶部纵梁和底部纵梁上就可以了（如果栅栏高度超过 1.8m，还要钉在中间的纵梁上）。还有一种栅栏制作起来也很简单，就是将横向木板或胶合板钉在支柱上和 2×4 规格的立柱上，将它们钉在顶部纵梁和底部纵梁上，间距 60～90cm。

加固栅栏

由于纵梁面朝下相连，因此如果木板竖立放置，栅栏会更脆弱。为了弥补这一点，要使用最轻的材料，并将支柱之间的距离缩短至 15cm 以内。另一种方式是加一根 2×4 规格的竖立木料，并用螺丝将它固定在一根纵梁或两根纵梁的下方。

使用刨槽机

使用带夹具的刨槽机时，用钳夹或钉子固定住夹具里的工件，确保木料已经固定好。让刨槽机与胸口同高，或稍低于胸口。切割支柱高处时，可以站在四脚活梯上，不过需请帮手扶稳梯子。

工具	材料
■ T 形斜角规	■ 1×2 规格木料，
■ 组合角尺	1×4 规格木料，
■ 水平仪	1×6 规格木料
■ 夹钳	■ 2×4 规格木料，
■ 锤子	2×6 规格木料
■ 螺丝刀	■ 普通硫化钉
■ 圆锯	（50mm、90mm）
■ 刨槽机和 2cm 的	■ 木螺丝（3cm）
一字形钻头	■ 木胶（室外）
■ 漆刷	■ 木材防腐剂

安全提示

使用刨槽机时佩戴护目镜。接触加压木料时戴手套。切割加压木料时还要戴上防护面具。

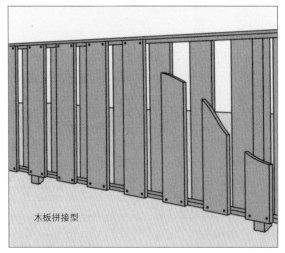

木板拼接型

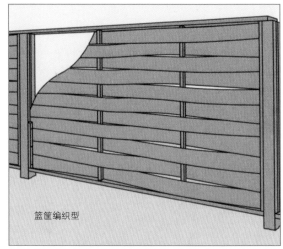

篮筐编织型

适合院子的三种屏风

　　木板拼接型栅栏能透风，而且能从一端看到另一端。将竖直木板钉入框架两侧，间距需小于木板自身的宽度。用细板条环绕1×1规格的竖直木板，相互交织，固定在每根支柱的竖直沟纹处组成篮筐编织型栅栏。将一侧木板固定在对侧木板的空隙处。将网格类的预制精美木板与1×2规格的木料相抵，并钉在支柱和纵梁上，组成网格板型栅栏。

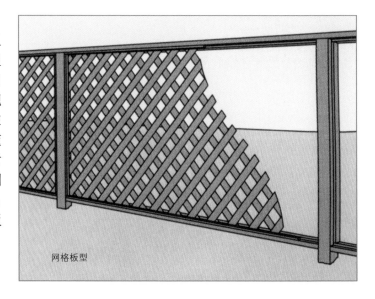

网格板型

如何贴合非平整地面

搭建随地形起伏的栅栏时，最重要的是选择适合房屋地形的栅栏类型，以及对设计进行必要的调整。支柱和栅条型栅栏或支柱和木板型栅栏（第194页）适合任何地形，最适合陡坡或起伏地面。将竖直木桩并排钉在支柱和木板框架上的栅栏也能很好的贴服地形。

沿着坡地布置尖木桩

对崎岖但相对水平的地面而言，尖木桩栅栏或板条栅栏（第204页）可以抚平小块凹地或凸起。它们的底部紧贴地面轮廓，而顶部依然齐平。制作这种栅栏时，要确保尖木桩的长度足以填充凹陷地面。

调整长方形栅栏板

长方形栅栏板不适合非平整地面，但如果建在台阶上，它们就能很好地贴合坡面（第205页）。搭建均匀的台阶需要经过计算，但一旦支柱固定好，只要将纵梁和侧边相连即可。

通常情况下，每块栅栏板的顶部都应齐平。但陡坡上平齐的栅栏板可能会给人一种错觉，认为坡上的栅栏比下坡面的栅栏要高。在这种情况下，有些栅栏建造师会将下坡面的纵梁调至比水平高度低 2.5 ～ 5cm，直至看起来合适。

工具	材料
■ 卷尺	■ 泥工线
■ 工匠水平尺	
■ 线条水平仪或 水准仪	
■ 铅锤	
■ 夹钳	
■ 锤子	
■ 圆锯	

安全提示

锤击时要佩戴安全护目镜。

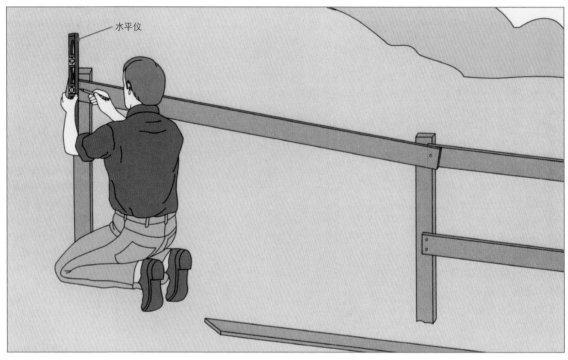

水平仪

上坡下坡

在每个凸起处和低凹处安装支柱，然后将其余支柱在它们之间间隔开。对如图所示的支柱和木板型栅栏而言，将木板夹好固定住，与支柱相抵，并使用水平仪在木板上标出垂直标记，在两块木板相遇的支柱中心做标记（如上图）。根据标记角度修整木板。连接竖直板条或尖木桩之前，用垫片将它们在顶部纵梁上方均匀隔开（第194页），然后将每根木桩调整至垂直。

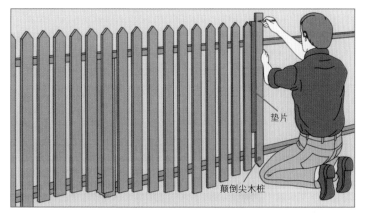

垫片

颠倒尖木桩

整平凸起处和低凹处

按第198页所示制作垫片。要想对齐非平整地面上的尖木桩，应先把每根尖木桩颠倒过来，与纵梁相抵，将尖木桩有形的尖端插入地面约1.3cm。在尖木桩底部标记出与垫片顶部齐平处（如左图），然后按标记修整。像安装标准尖桩栅栏一样安装尖木桩（第198页）。

标记尖木桩底部，让贴合更紧密

虽然尖桩栅栏并非一定要与地形完全贴合，但可以利用这点来强调专业感。用上文所示的方式将尖木桩修整至合适长度，但要让尖木桩碰到地面，让它们抵住栅栏，正面朝上。手拿木匠铅笔在一片2×4规格的短木料上画标记（如右图）。沿着地板滑动木块，在尖木桩底部标出所有的地形变化，再用马刀锯修整尖木桩。这样沿着栅栏的尖木桩和地面之间的缝隙就能统一了。

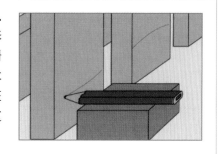

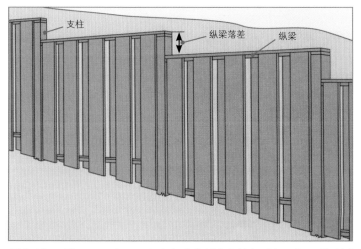

支柱

纵梁落差

纵梁

下坡台阶

从山坡顶部画一条水平线条，至高木桩底部（第189页）。底部木桩的线条高度就是山的垂直落差。画出栅栏线条，然后按第189页的方法标记支柱的位置。用垂直落差数值除以栅栏块的数量，计算从一个栅栏块到相邻栅栏块的纵梁落差。在山顶插第一根支柱至预计栅栏高度，其余支柱的高度应加上纵梁落差。在支柱上标记纵梁落差，然后将支柱与纵梁相连（第197页）。对垂直木板制成的栅栏而言，修整每根木板时都要让它们的底部与坡面贴合，顶部与纵梁齐平，木板与地面之间有约3.8cm的间隙。

搭建大门

大门饱受风吹日晒，松脱、难以打开、闩不上都是常有的毛病。但学会了这三条法则，你就可以最大限度地延长大门的使用寿命了。

门柱和支架

首先，需要有一组结实、垂直的门柱，将它们插在混凝土里（第 192 页），入地深度是地面支柱高度的一半。将支柱间隔开来，宽度为大门宽度加上留给门栓的 1.3cm，还要有足够的空间安装你需要的那种铰链。

第二个重要元素是门框，在门栓一侧的顶部栅条与铰链一侧的底部栅条之间，用一块斜木板作为支架。想在底部预留间隙，就要将门挂在至少比开门弧线范围内的最高地面再高 5cm 的地方。

金属配件

一定要选择结实的金属配件，尤其是铰链。脆弱的铰链常常会导致大门出问题。为了防止生锈，要使用不锈钢或硫化加工过的单品。

门闩里，最简便的就是第 209 页的自锁式门闩。不推荐滑动式门闩，因为即使是轻微的大门松脱也会导致滑动式门闩无法对齐。还可以添加大门弹簧，让大门自动闭合。

安全提示

钻洞时应佩戴护目镜。触摸加压木料时要戴防护手套。切割加压木料时还要佩戴防尘面具。

工具	材料
■ 卷尺	■ 2.5cm×3.8cm 的木板
■ 木匠角尺	■ 2×4 规格的加压木料
■ 锤子	■ 尖木桩
■ 螺丝刀	■ 普通硫化钉（75mm）
■ 锥子或大钉子	■ 硫化木螺丝（3cm 螺丝；2.5cm 和 10cm 的螺丝）
■ 圆锯	■ 方头螺钉（8mm）和垫圈
■ 电钻	■ 大门铰链
■ 螺丝刀钻头	■ 大门门闩

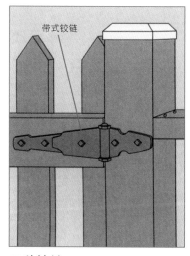
带式铰链

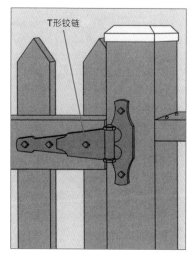
T形铰链

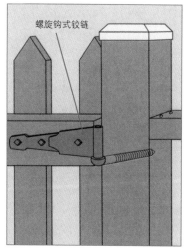
螺旋钩式铰链

三种铰链

　　这三种铰链都要用长度在 17cm 以上的金属带连接到大门上，但是它们固定在支柱上的方式各不相同。带式铰链和 T 形铰链都要用方头螺钉固定在支柱上和大门上，而螺旋钩式铰链则要用螺丝钩固定。带式铰链自带与支柱同宽的金属带。T 形铰链配有至少 17cm 宽的金属带，它能让铰链更牢固。螺旋钩式铰链则更结实，而且在修补小问题时，能更轻松地卸下大门。

制作并悬挂大门

栅条

组装框架

　　将 2×4 规格的加压木料切割至与大门同宽，作为栅条。固定好末端的尖木桩，让大门的栅条和尖木桩与栅栏对齐。在尖木桩上钻穿通孔。用 3cm 的硫化木螺丝将栅条锁紧在尖木桩上，用木匠角尺确保它们成直角（如左图）。如果栅栏高度在 1.8m 以上，要在框架中间添加第三根栅条。

支撑大门

　　把大门翻转过来，尖木桩一侧朝下。将2×4规格的支架固定在大门上，从门闩一侧的顶角直至铰链一侧的底角。在2×4规格的木料上做标记，使之能放入栅条之间。用直尺校平每根栅条（如右图）。将支架切割至合适长度。在支架边缘的每端钻两个穿通孔，然后用10cm的木螺丝加固。将其余尖木桩固定在栅条和支架上。用2cm的方头螺钉把带式铰链固定在栅条末端。

支架

穿通孔

悬挂大门

　　将大门放在木块上，与栅栏对齐，从背后扶住框架，与支柱背面对齐，在两条铰链底部的支柱上做好标记（如左图）。在支柱一角45°的位置钻一个直径为1.3cm的洞，先用锥子或大钉子钻洞，这样钻不会从角上滑开。将钩子安装在能让大门180°开合的角度（如下方图）。将螺丝钩钉入支柱。让铰链带套入螺丝钩，悬挂大门。

螺丝钩

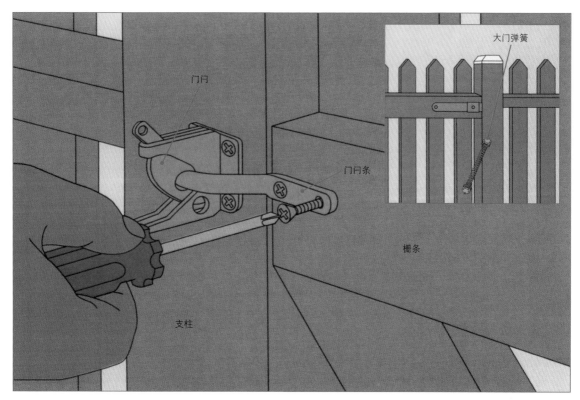

门闩

门闩条

大门弹簧

栅条

支柱

安装门闩和大门弹簧

　　将门闩安在与大门顶部栅条相对的支柱上。用 2.5cm 的木螺丝固定金属配件。关上大门，门闩条插入门闩里，把它按在栅条的正确位置上，用铅笔标记螺丝孔，然后钻两个导向孔。用 2.5cm 木螺丝将门闩条固定在大门上（如上图）。想要制作门垫，可以用 75mm 普通硫化钉将 1×1.5 规格的木板钉在门闩支柱正面，固定好以后，大门会在门闩条撞击门闩底部之前停住。这样能保护门闩，在大门关闭时免受冲击。要想在门外操纵门闩，首先要在支柱上钻一个穿通孔，把一条线绑在门闩条的孔上，然后把这条线穿过支柱，将拉环系在支柱另一侧的绳子上。如果你想添加大门弹簧，先将弹簧穿过大门支柱和大门，尽可能保持垂直，让可移动支架位于顶部，并向右倾斜。标记并钻好导向孔，然后用螺丝固定弹簧（如右上小图）。顺时针旋转顶部的六角螺母，能调紧弹簧，然后把金属挡块放在螺母和支架之间，防止螺母变松。

用石块与砖块搭建坚固高墙

石墙坚固又沉重，搭建之前需要仔细规划。必须将它搭建在足以支撑起墙身的牢固土地上，而且绝不能挡住天然排水系统。如果你对建墙的位置有任何疑惑，可以咨询专业人士。许多地区的法规都对施工结构提供了严格的标准，不仅仅规定了墙的高度，还明确地规定了用料、尺寸、加固方式和基脚深度。

为基脚挖沟

基脚必须至少低于地平面45cm，且必须建在不受霜冻影响的土地上。挖掘之前，先用木桩标记好基脚沟槽的边界和墙的中线。清理挖掘区域以更好地固定标记。如果是松散的土壤，你可能不得不搭建与沟床成45°的沟壁，以保护它们不塌落。让沟床尽可能保持水平，但填平过程中不要回填松散的土壤，因为基脚必须建在原状土上。如果相应深度的原状土松了，请夯实。

基脚的宽度和深度根据它所支撑结构的厚度和当地的土壤情况而定。如有必要可以查询当地建筑法规。

安全提示

挖墙基之前，先与公用事业公司确认好水管和电线的位置。使用混凝土时需要戴手套、穿着长衣长裤。

浇筑混凝土基脚

除非遇到极其松散的土壤，否则都不需要借助木制框架来浇筑混凝土基脚。对大部分土壤而言，要加宽沟槽的一侧才能抚平混凝土，从基脚到表面搭建木块和砂浆（如下页左上图）。但如果土壤足够坚实，能保持整个沟壁垂直，也有方便但较昂贵的替代选择：挖掘宽度不超过基脚的沟槽，用混凝土填至刚好低于地面高度（如下页右上图）。

这两种基脚都需要沿沟槽用两条钢筋加固（双重加固），也可能都需要足够的混凝土，可以从预拌混凝土公司订购。载有混凝土的卡车到达时，多请些人来帮忙。浇筑并夷平混凝土是一项必须迅速完成的繁重工作。

工具	材料
■ 卷尺	■ 2×4 规格的木料用作抹子
■ 水平仪	■ 木桩
■ 水准仪	■ 普通钉子
■ 锤子	■ 钢筋
■ 长柄重锤	■ 绑扎铁丝
■ 钢筋切断机	■ 沙子
■ 方边泥铲	■ 砖头或石头
	■ 预搅拌混凝土
	■ 聚乙烯薄膜

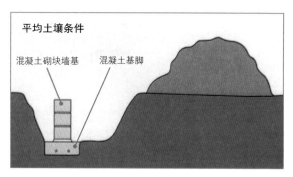

平均土壤条件

混凝土砌块墙基　混凝土基脚

超坚实土壤

混凝土基脚

两类混凝土基脚

标准沟槽（如左上图）适合大部分土壤。一侧沟壁既陡峭又坚实，底部为方形，与基脚同宽同深，上方沟槽比下方宽 30 ～ 60cm，创造出施工空间。铺好钢筋，浇筑并整平混凝土，然后搭建混凝土块基脚直至离地面高度几厘米。在非常坚实的土壤里挖沟（如右上图），让竖直墙壁分开至基脚宽度。铺好钢筋，用混凝土将沟槽填至接近地面。无需混凝土砌块墙基。

浇筑混凝土基脚

基脚沟槽

标记基脚顶部

为基脚挖沟槽。如果必须移动大量土壤才能让沟槽建在土层冰冻线以下，并且你计划搭建超过 3.6m 的高墙，请雇佣专业人士。如果只要移动相对少量的土壤，可以考虑租一台能自行操控的油动挖坑机。沿着基脚沟槽两侧，每 90 ～ 120cm 距离钉入一根直径约 30cm 的木桩，形成之字形。标记沟槽最高点的木桩，高于沟床 20 ～ 25cm。借助水准仪，在所有木桩的这个高度进行标记。

坡度标桩

安装坡度标桩

用租用的钢筋切断机将钢筋切割至 45cm 长,制作坡度标桩,每根木桩用一条钢筋。将标桩打入沟床,紧贴每根木桩,让标桩顶部与木桩上的标记齐平(如上图)。标桩不要打得太深,打得太深后再拉起至正确高度会让标桩变松。边安装坡度标桩,边移走木桩,用土壤填满洞口。用水平尺检查标桩的水平高度。如果有些标桩太高了,可以将它们锤低。

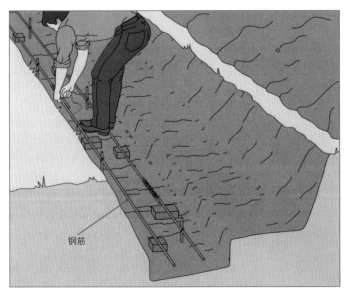

钢筋

放置钢筋

查阅当地建筑规则，确认钢筋的正确尺寸——通常介于 12.7mm 钢筋和 25.4mm 钢筋之间。在每排坡度标桩旁边的沟床里放置钢筋，下方垫入砖头或石头，将钢筋加高至高出土壤 5 ～ 7cm。两条钢筋头尾相接，将它们重叠 30 ～ 38cm。如有必要，用钢筋切割器把钢筋切割至合适的长度。用绑扎钢丝将钢筋捆在一起，然后把钢筋捆在坡度标桩上。等所有钢筋都固定好后再移走砖头或石头。

完成基脚的建造

请人帮忙将混凝土灌入沟槽里，小心不要移动坡度标桩。用方边泥铲铺开混凝土。将泥铲插入混合物里，破坏混凝土里的大气穴，同时要避开坡度标桩。填满沟槽，让混凝土水平位置至少高于坡度标桩顶部 1.3cm。用由 2×4 规格木桩钉起来制成的抹子夷平基脚（如右图）。一次只在一小片区域施工，通过拍击让混凝土变平坦。然后把混凝土压实，并把混凝土延展至沟槽角落，直至可以看到坡度标桩的顶部。将抹子后缘扫过表面，夷平混凝土，以弧线形向前推进的方式使用抹子。继续推至坡度标桩顶部，与基脚处于同样高度。用聚乙烯薄膜覆盖基脚，让它固化几天。

设计坚固又美观的墙

砌筑石墙并非只有万年不变的面貌。可以用砖块和砌墙块铺出一定的图案，让墙面显得更有活力，开放式设计透光且透气，还能起到遮蔽作用。

用砌墙块和砖块建墙

下页图的装饰砌墙块图案采用对缝砌法，使用的是标准尺寸的砌墙块。同样，砖块也能用于打造开放式设计，但这样的墙需要聘请泥瓦匠来建才能保证足够结实。专业的砖匠可以使用丁砖（十字形叠放在墙上的砖块）和顺砌砖（沿墙铺设的砖块）来打造带有装饰图案的实心砖墙，请参考第215页。这样的设计能够加固普通的两层厚庭院墙壁，因为丁砖连接了正面和背面的两层砖块，起到连接、加固的作用。

双色图案

许多大型砖厂都会储存很多不同颜色的砖块，但如果想打造简单的设计，可以使用两种不同颜色的砖块，一种用于背景，一种用于图案（第216页）。

在方格纸上画出墙的正面轮廓后着手设计。墙高层数为基数——作为设计横坐标层的上方和下方层数必须为偶数。找到作为中心砖块的方形区域，在中心区域填充图案，之后填充其余区域。然后就能算出这个区域和整面墙需要多少图案方块和部件了，也知道应该如何开始铺设砖块了。

用砌墙块加固

加固对缝砌块墙

对缝砌法的砌块墙（如右图）需要从横向和纵向进行加固。支撑墙体的壁柱——建墙的粗支柱——是双拐角砌墙块，每两层就要用连续的嵌缝配筋将壁柱织入墙壁里。钢条贯穿每根壁柱上砌墙块的核心，在壁柱上的间隔为1.2m，在这些核心里填满水泥浆（用于填充空间的稀释砂浆）。

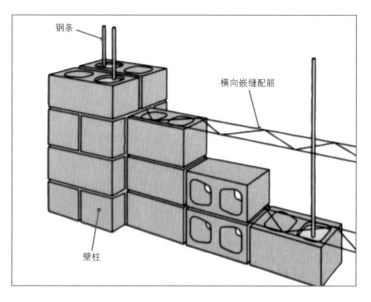

钢条　横向嵌缝配筋　壁柱

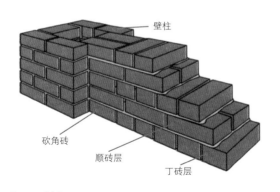

壁柱

砍角砖

顺砖层

丁砖层

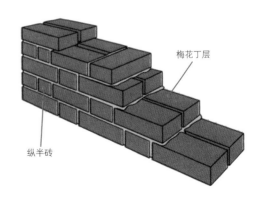

梅花丁层

纵半砖

加固砖墙

　　大部分传统砖块图案采用英式砌合法（如左上图），丁砖层和顺砖层相互交替。也可以采用荷兰式砌合法（如右上图），丁砖和顺砖在同一层相互交替。变幻两种砌砖法，打造各式各样的装饰图案，可以用对比色砖块来提升设计感。无论哪种图案，交替层的开始和结束都必须用 1/4 标准砖，即碎砖块，或 3/4 标准砖，即砍角砖。可以将砖块塞入壁柱，也可以切割砖块，让砖块适合自己需要的特殊尺寸。如果切了碎砖，将它们放在这一层靠近末端的地方，但是不要直接放在末端。为了节省时间，在开始砌砖之前先切割好所有的砍角砖。这两类墙在每 2.4 ～ 3m 的地方都可以用壁柱支撑（第 214 页）。

美观的砌块墙

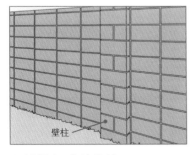

壁柱

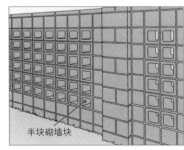

半块砌墙块

砌墙块打造装饰墙

　　用标准砌墙块可以打造各式各样的美观设计。尽管只是竖缝对齐，普通的顺砌砖搭配对缝砌法（如上左图）也能打造出令人惊艳的墙壁。不规则尺寸的砖能塑造更复杂的图案。篮筐编织图案（如上中图）使用四块顺砌砖和半块砌墙块组成。将半块砌墙块侧面摆放（如上右图），组成各式各样的图案，打造透光透气的开放式设计。如果想要使用竖直嵌缝配筋，这些图案的砌墙块就必须挖空，隔一段距离（至少 1.2m）就要对齐一次。浇筑基脚前，先画好规划图。浇筑基脚时，每 1.2m 就在混凝土里嵌入一根 1.2m 的钢筋。把墙抬高时，将砌墙块放在钢筋上，用水泥浆填充空心。对高于 1.2m 的墙而言，要用金属丝连接额外的加长钢筋。除此之外，每 2.4 ～ 3m 就要添加一根壁柱。每砌两三层，就要安装横向嵌缝配筋。

需要多少砖块或砌墙块

　　计算一面墙所需的标准混凝土块（20×40cm）数量，将墙的建筑面积乘以1.125即可。

　　典型砖墙每平方米的墙面需要约15块砖，封顶的1.8m壁柱需要90块砖。对双色墙而言，首先要在方格纸上绘制图案。令每层都只有一块砖的厚度那么高，两块横向方块作为丁砖，四块横向方块作为顺砖。用几层（通常为2层或3层）砖来展示砌花图案，算出特殊配色的砖块数量，将这个数字乘以整面墙所需重复的图案个数。如果两层厚墙壁的两侧都必须显示出图案，那么还要将特殊配色的顺砖数量乘以2，再加上特殊配色的丁砖数量，最后从整面墙所需砖块总数里减掉这些数字。最后，每种颜色的砖都要多买5%，以防损耗。

用彩砖设计

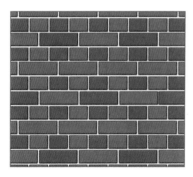 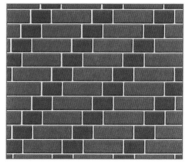 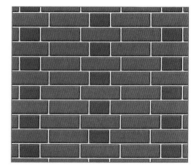

英式砌合法和荷兰式砌合法

　　使用对比色砖块，每层都为错列直缝，赋予传统砌合法不同的外观，请参照上图。英式砌合法（如上左图）中，有各式各样的英式接缝，顺砖摆成横向或错列接合，上一层则用半块砖重叠覆盖。通过颜色来强调图案：顺砖层交替使用一种颜色和两种对比颜色。荷兰式螺旋砌合法（如上中图）中，用深色丁砖打造斜角线。庭院墙接缝（如上右图）使用荷兰式砌合法，每铺四块砖，就加入一个丁砖层。

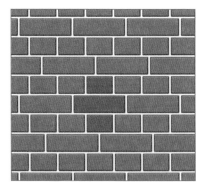 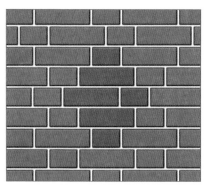 

制作图案组块

　　上图所示较复杂的设计是以名为"眼"的对比色图案组块组成。基础眼（如上左图）由一块顺砖加上下两块丁砖构成。可以将图案组块的每层延长一块丁砖的宽度，打造更大的"眼"，在上层和下层添加丁砖，并把整个"眼"作为中间层或坐标轴的中心（如上中图）。可以用这种方法扩展原始图案组块，打造菱形图案（如上右图）。

 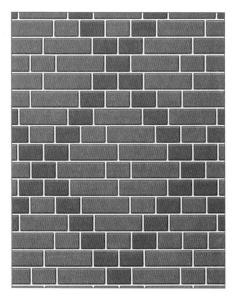

结合图案组块

　　大墙面设计由各式各样的图案组块组成，用彩砖制作，采用对称布置。在一种广泛使用的设计中（如左上图），"眼"被首尾相接，形成横条。将一层纯色顺砖夹在几排眼之间，强调条形设计。深色丁砖组成的彩色边界可以让浅色砖块的简单图案变成更复杂的设计（如右上图）。

混凝土地基上的砖墙

高于 1.2m 的独立式砖墙需要从侧面支撑才能抗风，才能经得起儿童攀爬。后文中展示了如何用侧边为 40cm 的方形壁柱加固 20cm 宽的墙。基脚宽 60cm，深 25cm。但是，搭建什么规格应根据你所在当地的建筑法规来决定。

混凝土块地基

无论你计划在地面上建造哪种类型的墙壁，最经济实惠的方式都是用混凝土块从基脚顶部开始搭建至地平面。购买 20×20×40cm 的标准"顺砖"。为了避免切割顺砖，你还需要购买 20×20×20cm 的半块砖。购买平头"双角"混凝土块和尺寸为 10×20×40cm 的"切割"砖，用于壁柱。在低于地面几厘米，为墙铺好砌筑块材料。

间隔壁柱

为了能更容易地每隔 2.4 ～ 3m 安装一根壁柱，可以将墙长和壁柱之间的距离设定为 20cm 的倍数。用水泥浆填充壁柱砖块的核心。为了让壁柱更结实，在填充之前，每根壁柱都要用两根钢筋从上到下捆紧。记住，只有完全垂直的壁柱和护壁才有用。

切割砖块

使用石工凿和锤子在砖块上你想切割的地方刻划一条线。把砖块翻过来，敲几次，砖块会在第二或第三次敲击时裂开。

工具	材料
■ 卷尺	■ 1× 规格木板作为层杆
■ 粉笔线	
■ 直尺	■ 砂浆成分（普通水泥，石灰、圬工沙）
■ 水平仪	
■ 鱼雷水平尺	
■ 泥铲	■ 预搅拌水泥浆
■ 砂浆锄	■ 混凝土块
■ 镘刀	■ 砖块
■ 砌墙快和泥工线	■ 桁架式纵向嵌缝配筋
■ 压线针	

安全提示

混合砂浆时一定要佩戴护目镜，使用砂浆和混凝土时要穿长衣长裤、戴手套。切割砖块时要戴手套和护目镜。

搭建混凝土地基

中心标记

对齐砌墙砖

　　在基脚中间画一条 10cm 的粉笔线,标记底层混凝土块的边缘(如上图)。在第一条线外侧画第二条线,作为壁柱的边缘。第一层干铺混凝土块,让它们与第一条粉笔线对齐。按适当间距为每根支柱铺一组混凝土块。在混凝土块之间为砂浆接缝留 0.9 ～ 1.3cm 的空隙。如有必要,可调整接缝厚度,将每层混凝土块调整至合适的长度。用粉笔在基脚上标记每根壁柱的位置。

从第一层开始

准备一批砂浆。边建墙，边用镘刀在砌墙砖上涂抹足够的砂浆，每次涂抹一两块。将两块双角砌墙砖并排摆在砂浆床上，放在其中一个末端壁柱的标记处。为了计算混凝土块之间应该留下多少空间，可以将两块砖首尾相连沿着基脚摆放，让一块砖块的末端与第二条粉笔线对齐，在砖块之间留下约 0.9cm 的空隙。铺设混凝土块，让它们的外边与砖块末端齐平（如右图），在混凝土块之间留下 2.5cm 的空隙。用水平尺将砌墙砖调整至垂直或水平。用高度等于混凝土块所需高度、厚度等于砂浆床厚度的木棍制作层杆，用它来检查混凝土块的高度。如有需要可做调整。为另一端壁柱再铺两块双角混凝土块，在两端之间拉一条泥工线（如照片），

量层杆

双角混凝土块

砂浆

固定好其他壁柱混凝土块。用水泥浆填充砌墙砖的核心。

准备砂浆

砂浆能将砌石墙固定在一起，封住所有元素，将各种尺寸的材料粘合起来。预搅拌砂浆袋可用于小项目，但对这里提到的砌墙等较大的项目而言则不够经济实惠。

砂浆由普通水泥、石灰、沙子、水混合而成。配方因各地情况不同而有所变化，受气候影响较大。查阅当地法规，或咨询当地砖块供应商、石工、承包商。

要准备一批砂浆，先用砂浆锄将干燥成分在独轮手推车里混合。接着添加适量的水，混合出能用完的混合物。用泥铲或锄头在砂浆上做几条脊线，检查砂浆的稠度。如果脊线皱了，混合物就太干了。如果脊线往下沉，水就太多了。

如有需要，可以在砂浆上洒水并重新搅拌，一批砂浆最多保留两小时。两小时后就要准备一批新的砂浆。

压线针

顺砌砖

压线针

完成第一层混凝土块的铺设

　　在基脚铺一块顺砌混凝土块，抵住每根末端壁柱，在其他壁柱两端也各铺一块顺砌混凝土块。在两块壁柱混凝土块之间的接缝中心铺混凝土块，让它们与内侧粉笔线齐平。一旦开始铺砂浆，就要在壁柱和顺砌混凝土块之间的每个接缝处插入压线针。在砖石销售商那里可以买到压线针，它们能固定泥工线，让剩余的顺砌混凝土块沿着基脚对齐。继续铺设顺砌混凝土块（如上图），完成第一层。移走压线针，用砂浆填满压线针留下的孔。

完成地基

用半块混凝土块从第二层两端开始铺，将混凝土块覆盖在壁柱混凝土块接缝的中心处。用层杆检查混凝土块的高度。在每块半块混凝土块的内侧放一块拐角混凝土块，从墙的一端拉一条泥工线至另一端，在中间填充顺砌混凝土块。在每根壁柱旁放置隔墙混凝土块，把新铺的第二层混凝土块夹在中间（如右图）。隔墙混凝土块必须与下方的双角混凝土块对齐。用铺第一层的方法铺第三层，但是在铺混凝土块之前，要在每根壁柱旁边嵌入带砂浆的约38cm的桁架式嵌缝配筋并穿过墙壁。砂浆一铺好就用水泥浆填满每根壁柱旁混凝土块的开口

隔墙混凝土块

半块混凝土块

嵌缝配筋

处，这样从基脚到第三层顶部几厘米的地方就会形成一条连贯的水泥浆柱。继续这样操作，在地平面几厘米内搭建地基。最后用层杆检查新一层的第一块砖。

搭建砖墙

末端砖

飞檐

干铺

在壁柱与壁柱之间干铺第一层，检查并调整它们的位置。按左图所示图案铺砖，先将两块末端砖铺在每根壁柱中心一半的地方。砖块之间留下约1.3cm。环绕每根壁柱铺砖，确保它们与壁柱外边缘对齐。如果砖块超过了混凝土块，就将它们摆成飞檐的造型。把剩余砖块一组组铺好，让它们的组合宽度与砖块长度相等（如左图）。再次在地基一侧搭建飞檐。在壁柱上标记末端砖的位置，留意砖块之间的空隙，然后移走干铺层。

铺引导层

先在墙基铺6层高的引导层，也叫底端结构。在壁柱混凝土块顶部涂砂浆，并沿着相邻混凝土块涂76cm的砂浆。在离引导层末端1.3cm处安入3m长的嵌缝配筋。沿着干铺图案铺设，围绕壁柱边缘铺一排砖。铺末端砖时，让它们与壁柱末端的标记对齐，沿着墙壁添加三组砖块。用鱼雷水平尺保证每块砖都水平且垂直。在壁柱中间铺半块砖。从第二层开始，改变图案，让砖块以下一层的竖缝为中心。在第二层离第一层还剩半块砖的距离时停止。开始铺第三层，让砖块与第一排对齐，但这排要比第一排短一整块砖。穿过壁柱安一根约38cm长的嵌缝配筋（如左图），然后开始再铺三层以上的砖，让连续层的竖缝错列开来。

嵌缝配筋　　末端砖　　半块砖

搭建壁柱

沿着混凝土地基顶部安放3m长的嵌缝配筋，让它们的末端重叠30～38cm。在两端之间的每根壁柱旁铺6层双引导层——与上述方法一样，从墙的两侧开始铺。为了保证横向对齐，要在末端壁柱之间拉一条泥工线。想要纵向对齐，要用直尺将砖块与地基墙相连（如右图），如有需要，将砖块敲打至齐平。用水泥浆填充壁柱混凝土块的核心。从壁柱旁边砂浆竖缝上的压线针上拉一条泥工线，完成壁柱之间几层砖的铺设。最后，把为挖地基沟槽而挖出的土填入坑里，并用打夯机夯实。

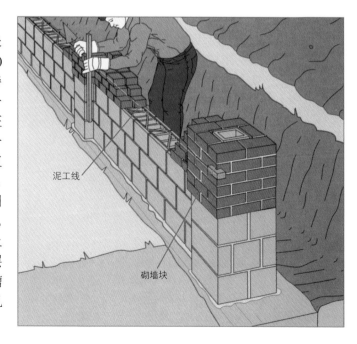

泥工线

砌墙块

第六层

向上延伸墙壁

　　一旦铺完第六层砖，就可以沿着墙壁安入嵌缝配筋了。然后，在每根壁柱旁搭建 6 层引导层。给引导层核心灌入水泥浆，在壁柱之间铺砖，重复以上步骤，每 6 层就安入一条嵌缝配筋。如果你在地平面下方铺了一两层砖，那么再加上 4 组 6 层引导层就能搭建起 1.5m 的高墙了。如果再加 3 层和一个封顶能达到 1.8m。

竖砌砖

为墙封顶

当墙只比理想高度矮 10cm 时，可以沿着顶部安入嵌缝配筋，将壁柱加高 3 层，再填充它们的核心。先沿着壁柱之间的墙干铺竖砌砖（用砖块的侧面铺设），计算好剩余灰缝的涂抹厚度，然后再在砂浆床上铺竖砌砖（如左图）。

为壁柱封顶

为每根壁柱切 8 块 1.3cm 厚的砖块，名为封口砖。它们能加宽壁柱的 2 层封顶。按第 218 页的方法切割砖块。用整块砖围绕壁柱边缘铺设第一层封顶。沿着基础图案铺设，但要保证整圈砖块超过边缘 1.3cm。将封口砖放在砖块之间的缝隙处。在壁柱中间放两块砖，用砂浆填充缝隙。改变图案，将第二层封顶与第一层对齐（如右图），在中间加两块砖。最后一层用 8 块砖覆盖壁柱。

最后一层

封口砖

第六章

装饰效果

　　树木和灌木点缀的绿地几乎满足了所有美丽庭院的需求。设计中的一两点结构元素可以作为吸引人的最终点缀。如简单的新花坛，如雄伟的庭院水池，这些附加物能展示每个人的不同喜好，也能作为新的观赏点，从庭院附加物的位置可以欣赏自己所设计的庭院。

没有比用种花来改良庭院更快更好的方式了。

花朵与灌木的布置

清晰界定花朵或灌木的区域是庭院规划的内容之一。这类植物的种植床可以挖至地下也可以远高于周边地形。

简单方法

将水平地面种植床布置在庭院排水良好处。除了需要合适的土壤，种植床的唯一要求就是能够充当防止草与杂草进入的镶边屏障。

长 6m 的塑料镶边，包含用于连接的耦合器。单独购买塑料桩，将镶边固定在地面。

铝制镶边有丰富的色彩可供选择，长 4m 多。铝制镶边带能够互连的凸缘和沟纹，每 1.2m 还配有一根固定桩。

金属镶边和塑料镶边都能轻松弯曲，这使它们尤为适合形状不规则的种植床。搭配直角耦合器，也能用于安装两种拐角为方形的种植床。但是，长方形种植床也很适合采用无砂浆砖块镶边，可参考第 121 页。无论你为长方形种植床选择哪种镶边，都要用三角测量法设置直角。

> **安全提示**
>
> 手套能在使用铁锹时保护双手。挖掘时要穿戴好护背设备，降低受伤的风险。

凸起种植床

在排水较差，或有大树根交叉的地方，地平面种植床并不实用。解决方案就是，搭建墙面高度在 30 ~ 60cm 之间的凸起种植床。

石块和砖块是最适合用来搭建凸起种植床的材料，但加压木料则是目前为止用起来最简单的材料（第 121 页）。在安装好墙面后，用改良土壤和堆肥填充种植床的框架（第 38 ~ 39 页）。

工具	材料
■ 园艺铁锹	■ 浇水软管
■ 鹤嘴锄	■ 木桩和细绳
■ 镶边工具	■ 镶边
■ 圆锯	■ 粉笔
■ 马刀锯	■ 6×6 规格的加压木料
■ 木匠水平尺	■ 泥工线
■ 长柄重锤	■ 10mm×61cm 的钢筋
■ 电钻	
■ 6mm 和 10mm 的麻花钻头	■ 25cm 硫化长钉

搭建地平面种植床

圈定种植床轮廓

　　要想搭建弧形种植床，应先用浇水软管圈出你想要的种植床的外部形状。要想搭建直边种植床，则要使用木桩和细绳。站在种植床外侧，将园艺铁锹的刀锋与浇水软管或细绳的内侧边缘相抵。略微倾斜握住手柄，将铁锹刀锋插入地里 10 ～ 15cm 深（如左图）。以同样的方式沿着种植床轮廓在草坪上打造连续的切口，圈出整体种植床的轮廓。

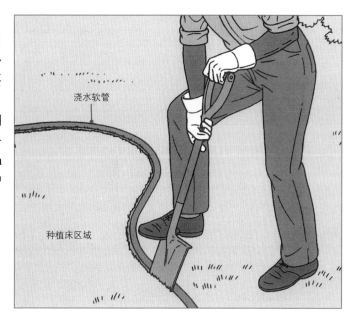

浇水软管

种植床区域

准备种植床

　　在种植床内侧施工，在第一圈内部 15cm 处切割第二圈，倾斜铁锹，移除两个切口之间的草皮。用铁锹或鹤嘴锄刮走剩余草皮（如左图）。把草皮制成堆肥，或将它推到一边以便移植到院子中的其他地方。按第 34 页的方法准备好种植土壤。使用铁锹或镶边工具，将种植床边缘打造成约 10cm 深的 V 形沟槽（如下方小图）。

镶边选择

边缘

耦合器

塑料镶边

铺开镶边,平放一小时。同时,用园艺泥铲加深沟槽,仅留下浇水软管形的边缘外露。弯曲镶边,使之与沟槽轮廓匹配,并放入沟槽。将几块镶边连接起来,把塑料耦合器的一半嵌入一块镶边的上边缘,然后将另一块镶边滑入耦合器里(如左图)。把塑料桩打入底边的焊刺里固定镶边。将塑料桩顶尖固定在倒刺上,确保角度为45°,让斜尖抵住镶边(如照片)。将塑料桩固定在镶边末端和结合处,中间间隔为1.2m。回填沟槽,并夯实镶边两侧,直至只能看见镶边的边缘。

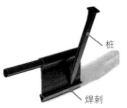

桩

焊刺

铝制镶边

加深沟槽,留下1.3cm镶边高于地面。将镶边沿着种植床立起,并微微弯曲,使之与沟槽的弧度贴合。若想将镶边连起,要把一块镶边顶部和底部的凸缘与另一块镶边的沟纹对齐(如右侧实物图)。将两块镶边推合起来,相互重叠至少5cm。可以通过增加结合处的重叠长度,或用钢锯锯掉部分镶边将其缩短一些。将镶边放入沟槽,每1.2m固定一次。把30cm的硫化桩钩在镶边上方,再把它们倒入地面。回填并夯实镶边两侧。

凸缘   沟纹

砖块镶边

用鹤嘴锄刀片加宽沟槽底部至12cm深左右。用2×4规格木板的末端夯实沟槽。在两根塑料桩之间拉一根细绳,高于沟槽中心上方约2.5cm。将砖块放在沟槽的一个角落,支撑起沟槽里角度相同的一排砖块。放好砖块,让砖块顶部边缘触及细绳(如左图)。用同样的方式在种植床的另一侧布置砖块。

建构凸起种植床

测量与切割木料

　　将木料摆在锯木架上以备切割。在每根木料上标记比外部尺寸短 1 根木料宽度（14cm 的 6×6 规格木料）的长度。如果种植床侧边比一根木料的长度要长，可以考虑每层采用错列接口设计。完全展开圆锯刀片。先在木料上切一刀，然后把木料反过来切第二刀，即完成切割（如上图）。

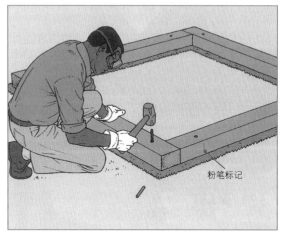

固定基座

　　用鹤嘴锄或铁锹挖一个 5cm 深的沟槽，在沟槽底层铺上木料。用木匠水平尺检查木料是否水平，根据需要调整沟槽深度。钻 1cm 的导向钻孔并插入钢筋，离四根木料的两端均为 15 ～ 20cm。使用长柄重锤，将 60cm 长的 1cm 粗的钢筋敲入每个孔里，直至打入地面，用粉笔在木料正面标记钢筋的位置。

添加上层

　　铺设剩余几层木料，如右图所示建构拐角。每一层的四个拐角处都要钻一个 6mm 大、15cm 深的导向钻孔，离木料中心线约 2.5cm。除此之外，还要在每根木料的中间钻一个洞，在非拐角木料末端的 15 ～ 20cm 处钻一个洞。用粉笔在下层做好标记，确保没有两个重合的洞。将 25cm 硫化长钉钉入洞里，然后用粉笔在除了顶层之外的所有木桩上标记长钉位置。

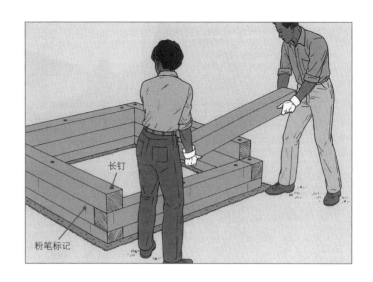

植物的装饰性木制容器

木制容器也是园林景观的一大元素，它们不仅是木平台或露台小部分绿色植物的载体，本身也极具视觉吸引力。下图模块化设计的独立式花箱可附加长椅，让你可以充分发挥想象，填充任何尺寸或任意形状的空间，

加工木料

因为加压木料的化学成分会损伤许多植物，所以要购买普通木料制作花箱。把所有饰面钉的钉头钻入埋头孔，用防水木油灰塞住洞口，然后给木料上漆或染色，将它密封住。在用种植土壤填充花箱之前，先用硫化筛网和 2.5～5cm 厚的碎石覆盖底部。

工具	材料
■ 组合角尺	■ 2×4 规格木料
■ 圆锯	■ 2×2 规格木料
■ 锤子	■ 65mm 普通硫化钉
■ 刨子	
■ 夹钳	■ 65mm 饰面硫化钉
■ 马刀锯	
■ 带 2mm 钻头、3mm 钻头、19mm 钻头的电钻	■ 65mm 硫化森钉
	■ 10mm 胶合板用作垫片
■ 填缝枪	
■ 短锯和辅锯箱	

花箱长椅

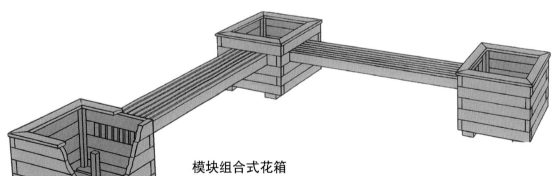

模块组合式花箱

花箱可以是独立式组件，也可以作为大组件的一部分，比如带一两条长椅。一个花箱由 5 层 2×4 规格的木料组成，每个拐角有一根 2×2 规格的支架，还带一个 2×4 规格的斜接封顶。这种尺寸制作出的花箱足以装入装饰灌木或布置有趣的花，但又不会因太重而无法放在木甲板上。每条长椅使用 7 根 2×4 规格的木料制作，长达 2.4m。因为长椅的存在会影响花箱的结构，因此在开始建造之前要先规划好组件。

搭建基地

切 4 根 60cm 长的 2×4 规格木料，将它们竖起布置成正方形。如右图所示，为了达到最佳效果，沿木料横纹切割。使用 3mm 的钻头，在每根 2×4 规格木料与相邻木料重叠的地方上方钻 2 个导向钻孔，然后用 65mm 的硫化钉锁紧每个拐角处。切 2 根 2×4 规格、65cm 长的木料作底。在底木料两端各钻 2 个导向钻孔，然后将它们横放在框架上，离边界约 5cm。使框架成为方形，将基脚固定好。切 5 根 2×4 规格、56cm 长的木

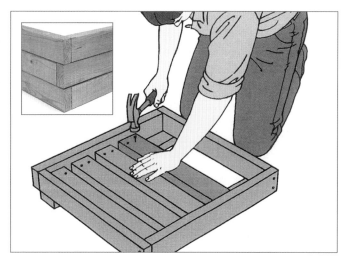

料。将整个框架翻转过来，如下图所示，把 2×4 规格的木料钉入基脚，在木板之间留下统一的排水空间。

切割2×4规格木料的夹具

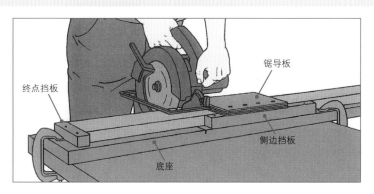

锯导板

终点挡板

侧边挡板

底座

想搭建看起来很专业的花箱，最重要的就是所有 2×4 规格木料都必须一样长。如果你没有桌锯，可以用上图所示的圆锯和夹具切割。将 1.8m 以上的 2×6 规格木料作为底。在木料一端旁边用螺丝旋入 2×2 规格木料，作为终点挡板。在离终点挡板略超过 60cm 的地方，用螺丝给底部旋入 45cm 的 2×2 规格木料，与边缘齐平，作为侧边挡板。

在离 2×4 规格木料一侧的 60cm 处标记一条切割线，让木板抵住侧边挡板和终点挡板。将锯子的刀片放在切割线上，然后把一块 20mm 厚的胶合板放在锯子的底盘上。把锯放到一旁，用螺丝将胶合板旋入侧边挡板充当锯导板。使用夹具，将锯子调整至 5cm 深。滑入 2×4 规格木料抵住挡板，让锯底盘与锯导板相抵，然后切割。

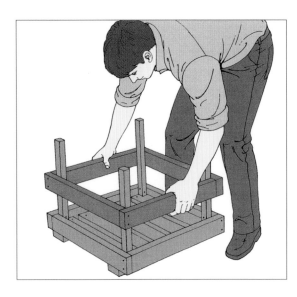

组合花箱

切割 4 条 40cm 长、2×2 规格的木料作为拐角支架。将一根支架牢牢固定在底座的一角，在 2×2 规格的木料上钻 3mm 的导向钻孔，直至 2×4 规格的拐角木料。错开洞口，不要对齐。用 6cm 的硫化螺丝连接支架。在其他拐角处重复同样的操作。像制作底座框架一样安装第二层，把它滑到支架上，形成如左图所示的交接图案。钻导向钻孔，将拐角支架固定在这层。

加工花箱

重复以上步骤，添加剩余三层木料，制作不带长椅的花箱。但是，如果你想添加长椅，只能按以上步骤添加第三层木料，然后按以下步骤搭建第四层，三边支撑一条长椅的一端，或两边支撑两条长椅的一端。将两边或三边的几层木料按要求钉起来，将它铺在第三层上，用螺丝把角落支架固定在这层上。放好第五层，用一片 2×4 规格的木料支撑，如果是两边支撑的造型，就固定好第四层，并用一片 2×4 规格的木料支撑（如嵌图）。将拐角支架旋入第五层。搭建封层时，切割 4 根 67cm 长、2×4 规格的木料，然后用短锯和辅锯箱将末端斜接起来。用饰面钉把封层木料钉在第五层上，钉头固定好，用防水木油灰遮住洞口。

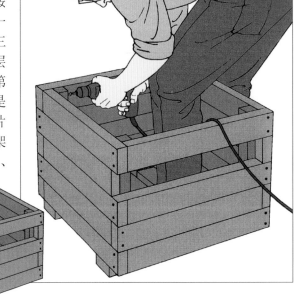

添加长椅

安装长椅板条

    将花箱放在最终位置上，两个花箱的第四层开放侧相对。测量花箱内壁之间的距离，并切割 7 根与该距离长度相同的 2×4 规格板条。在第四层边缘嵌入该板条，让板条末端与花箱内壁齐平（如上图）。在长椅两端的板条之间放 1cm 的垫片，放胶合板也可以，然后将长椅放在第四层中间。

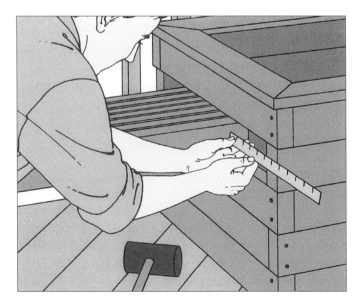

完成第四层

    测量长椅和第四层内侧边缘之间的距离（如左图），切割同样长度的 2×4 规格填料。将填料填入缝隙中间，然后在第四层上钉钉子，穿过填料末端进行固定（无需将填料固定在长椅上）。在长椅另一侧，将 2×4 规格木料塞入缝隙，与长椅相抵。以花箱外侧为参照，在木板上标记修边线，然后切割填料，并把它钉好。

藤蔓植物的支撑物

优雅地攀爬在木质框架上的开花植物或结果植物为庭院增添了体感。沿着外墙搭建的藤架既能让植物最大限度地暴露在阳光下，又能为它们抵挡恶劣天气，还能增强泳池与露台的私密性。独立式的支柱和横梁组成的藤架能控制并支撑沉重的扩散式藤蔓，例如葡萄藤和紫藤，同时还能为庭院增添古典感。

适当的位置

使用木头垫片，让轻盈的木质棚架或塑料棚架距离房屋至少5cm。这样的缝隙能够透气，还能防止藤蔓与墙壁相连。如果要为密集植物搭建更结实的棚架，则应该离墙壁至少15cm。

如果你想要搭建大到能在下方行走的藤架，它需要至少1.2m宽、2m高，悬挂在所有方向的横梁和椽条至少要超过角柱30cm的位置。为藤架选一个平整的位置，并按照第186页的方法来确定角柱的位置。

结实的材料

棚架和藤架必须足够结实才能支撑得起开满花的植物，才能经得起当地最恶劣的天气。

防腐红木或雪松木是搭建棚架和藤架的完美木料。与普通松木不同，它们无需上漆，也无需封层。与加压木料不同，它们不含对一些植物有害的物质。无论你选择哪种材料，都要用防腐蚀的硫化钉和其他金属配件安装整个结构。

工具	材料
■ 螺丝刀	■ 4×4 支柱
■ 木匠水平尺	■ 2×4 规格木料
■ 锤子	■ 1×2 规格木料、
■ 锯	1×6 规格木料、
■ 铁锹或柱坑挖掘器	1×8 规格木料
■ 活动扳手	■ 0.25×2 规格板条
■ 四脚梯	■ 钩眼扣
	■ 带式铰链
	■ 15cm 车架螺栓、垫圈、螺母
	■ 硫化钉
	■ 硫化椽条

两种棚架

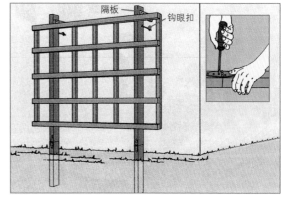

选择藤架

用两根 2×4 规格的支柱就开始搭建简单棚架，让它们与墙平行或垂直，入地至少 60cm。将 2×4 规格的长方形框架钉入支柱，顶部对齐，打造能支撑轻型藤蔓的棚架（如左上图）。该框架应比支柱的高度短 30cm，比二者之间的距离宽至少 60cm。可以为均匀的网格嵌入 6mm×5cm 的板条（如右上方小图）。也可以购买篮筐编织的网格，并将它切割成贴合框架的尺寸。如果想支撑起较重的藤蔓，则要使用 1×2 规格的网格（将支柱作为两根竖杆），它更结实（如右上图）。使用 1×2 规格木料制成的垫片和几组钩眼扣让棚架离墙 1.8m。切割支柱并用铰链连接（如右上方小图），使之离地面约 15cm。让棚架向外倾斜，便于修剪藤蔓或给房屋上漆。

支柱与横梁组成的藤架

安装支柱

用铁锹或柱坑挖掘器为 4×4 规格的角柱挖 90cm 深的坑。如果是软土或沙土，要在每个坑底放一块平石或砖块。将支柱立在坑中间，侧边与长方形框架对齐。请帮手用水平仪将支柱扶正（如右图），用几层相叠加的 2×4 规格木料夯实支柱周围的土壤，往下压几厘米，直至洞口填满。为了保证支柱垂直，要暂时用两根支架支撑地里的支柱和木桩。第一根支柱固定好之后，在支

柱旁边插入其他支柱。一次布置一根，让它们都与第一根支柱保持高度一致。将支柱翻转过来，然后把它们插入剩余的洞里直至深度标记处，并用支架支撑好。

隔板

安装横梁

测量并切割 4 块 1×8 规格的木料制作横梁。请帮手抬起木板与一组支柱的顶部对齐，末端同样延伸。用钉子将木板固定在一根支柱上，然后将木板调整至水平，并钉在另一根支柱上。在支柱对面安装第二块木板。在木板和支柱上钻两个 1.3cm 的孔，离支柱和木板边缘 2.5cm（如左侧小图）。嵌入 15cm 马车螺丝，用平垫圈和螺母固定。从 4×4 规格支柱木料上切割 19cm 长的隔板，完成横梁。将隔板钉入两块木板之间，间距为 30 ～ 45cm，顶边和底边都要对齐。在另外两根支柱上搭建相似的横梁。

安装椽条

在横梁顶部，按 45 ～ 60cm 的间距，测量并标记椽条位置，然后切割 1×6 规格的木板制作椽条。将每根椽条放在横梁边缘，与标记对齐，在椽条两侧露出与横梁一样的长度。把椽条钉在横梁上（如右图），也可以使用硫化椽条绳子（如右侧小图）。为了防止沿着木板边缘钉钉子时，钉子会从木板上滑脱，要先在木板上以正确的角度钻导向钻孔，孔径略微小于钉子直径。

藤蔓绿墙

有些藤蔓爬得急，有些藤蔓爬得慢。你也可以种植藤本月季，虽然它并非天然藤蔓植物，但你可以小心地将它们的根茎交织在支撑棚架上，也可以用细绳或金属丝将它们的根茎系在支撑物上。

但是，经典藤蔓植物就不一样了。只需小小的辅助和一点点的照料，它们就能攀上墙。你可以购买扁平型藤蔓植物，像种植地被植物一样种植它们（第67～68页）。也可以按第241页的方法，小心地把现有藤蔓从支撑物上移除下来，将它们移到新的位置。

常春藤与砖墙

藤蔓常春藤和其他爬藤植物（如下图）可能会破坏砖墙里的砂浆，让水分渗透墙面，弱化墙体结构的完整性。可以做以下测试：刮接缝处的水泥灰。如果砂浆没有被刮下或弄碎，你的墙就能支撑得起植物生长。

养护藤蔓植物

定期修剪能保证藤蔓繁茂茁壮。藤蔓植物通常没有矮生植物容易受病虫害。偶尔给叶片浇水能减少害虫。但叶片上水分的过量蒸发会导致藤蔓灼伤，容易引发植物干旱。浇水频率应该比矮生植物更高。许多藤蔓植物的耐霜性都很差。向专业人士咨询哪种植物适合当地气候。

让藤蔓植物持续生长的三种方法

英国常春藤和五叶地锦（如左上图）等藤蔓植物的吸盘、小钩、细根都能让它们与垂直表面平行。潮湿的锚定点会破坏木板外墙。根茎缠绕植物（如中图）能环绕落水管、棚架、金属丝、细绳。白金银花等植物的根茎呈逆时针方向交缠，美洲马兜铃等其他植物的根茎呈顺时针方向交缠。甜豆等卷须根茎植物（如右图）能延伸出细长的螺旋根茎，紧紧围住细支撑物，例如金属丝栅栏。有些卷须根茎植物还能环绕支撑物缠绕自己的根茎。

藤蔓植物的简单维护

修剪藤蔓植物

在夏季修剪藤蔓植物，能提升植物的透气性，促进生长，让植物在秋季霜冻来临之前变得更加强壮。修剪并解开地面附近的较大茎干（直径不超过 3cm），让光线能照到内侧枝干。有选择地修剪植物的其他部位，移除不健康的茎干，切勿损伤健康的茎干。

刺激新生长

修剪刚好长在芽上方的茎干，让可能会长出叶片的侧芽抽出新梢。通常来说，春季开花的藤蔓植物会在上一年生长的地方开花。在它们开花后进行修剪，为它们留出生长时间，让它们在冬季前能够生长得更加强壮。夏末或秋季开花的藤蔓植物会在当年生长的地方开花。最好在秋末修剪，那时候是植物的休眠期，也可以在早春任何植物新生之前修剪。

芽

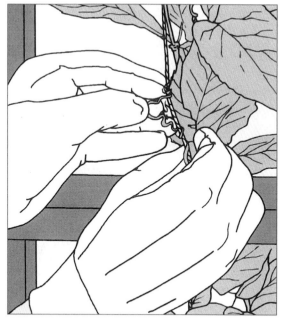

从支柱上拆下藤蔓

移植藤蔓植物时，在靠近抓墙的吸盘、小钩、细根附近轻拉（如左上图），解开卷须，或松开缠绕植物的叶柄，它们依附在细绳或金属丝上（如右上图）。在解开卷须茎干时，要注意它们是按顺时针还是逆时针方向缠绕支撑物，然后用同样的方向将它们缠绕在新的支撑物上。

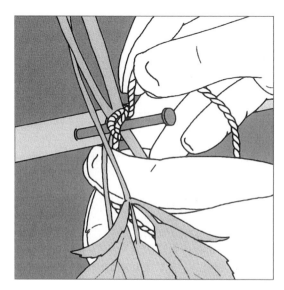

拴住新种植的藤蔓

为了将爬藤固定在砖墙上，以 60cm 为间隔，将石工钉钉在灰浆接缝处。用细绳将植物根茎松松地系在钉子上（如左图）。如果是缠绕型植物，可以在两根钉子之间拉一条细绳或金属丝作为垂直支撑物，让新生长的植物能够攀爬。将植物根茎松松地固定在支柱上。定期检查植物，剪掉所有靠近顶部的黄叶或枯叶。在植物足以支撑自身时，移走细绳或绑带。

岩石庭院：独特植物的独特布置

对许多庭院设计而言，岩石庭院都是很美观的附加物。岩石庭院里可以布置很有艺术感的石头和独特植物。这种庭院能适应各种光照条件，也不怎么需要维护。

选址

由于高山植物偏爱相对干燥的土壤，因此种植在山坡上最容易成功，因为那里排水最好。优先选择向东山坡而非向北山坡；避免向南山坡和向西山坡，这两个方向的山坡会带给高山植物过多的热量。

特性问题

岩石庭院可以模仿任何地区的地质情况，但比起从很远的地方购买石头，还有更简单的办法，那就是模仿当地环境。扁平且参差不齐的大块砂岩可以诠释某个地区岩石庭院的特性。但在另一个地区，占主导地位的可能是花岗岩卵石。在任何情况下，都要强调大石头，并且沿着大石头点缀小石头。

植物的选择和所使用的石头对岩石庭院的特性起到了同样重要的决定性作用。可以从附录中选择适合岩石庭院的植物，也可以去当地苗圃市场寻求灵感。

繁重劳作

为岩石庭院做种植准备的工作量繁重。在把石头，包括单块石头或多块石头，堆叠而成的岩层放在坡上之前（如下页图），就连排水系统超强的斜坡也需要做些提升。操作重物的方法见第23页。也可以与庭院设计公司联系，让它们帮忙处理最大的石头。

工具	材料
■ 长柄铁锹	■ 大小石头
■ 泥铲	■ 沙子
■ 挖掘棒	■ 堆肥或泥煤
	■ 碎石
	■ 高山植物、灌木、乔木

注意

在挖掘之前，要注意电线、水管、污水管道、排水井、化粪池、污水坑等地下障碍物的位置。

剖析岩石庭院

  最美观的岩石庭院以赏心悦目的方式模仿了由岩石和植物组成的天然环境，又不显得刻意或杂乱。在设计庭院时，要考虑到每种植物的生长习性、开花周期、高度、需光量。然后创造出与野外生长环境相同的场景，把植物放在那里。

坡上的岩石庭院

准备种植床

  将草皮从选址剥离，移走约45cm厚的土壤。在洞底铺一层15cm厚的岩石或碎砖，将草皮面朝下，覆盖在岩石或碎砖上（如左图）。如果没有草皮，就用较小的石头或粗沙覆盖岩石和碎砖。将2份粗沙、1份种植床土壤、1份堆肥或泥煤、1份碎石相混合。用混合物填充洞口直至地面高度。

布置大石头

在理想位置的混合土壤上方布置岩石。从坡底开始布置，切一级台阶，深度需足以容纳至少 1/3 宽的第一块岩石。台阶背面要低于正面，让雨水能够流下山坡。把岩石放在台阶上，让其长边与坡面平行（如左图）。拍紧岩石周围的土壤混合物，填满气孔。站在岩石上，测试它的稳定性。重复以上步骤来布置每块大石头。

搭建岩石露头景观

在布置岩石露头景观的选址处，使用之前作为基底的一块岩石。选择与这块基底岩石外观相配的大石头，这样能让岩石露头景观显得更加天然。用 2.5cm 厚的土壤覆盖基底岩石，把另一块岩石放在上面。使用挖掘棒操作沉重的岩石，这种打造水平面的长金属工具在庭院中心有售（如右图）。重复以上步骤，为岩石露头景观添加石头。

设计庭院步道

从美学角度来看，一条步道能将人的目光引向庭院的焦点。从实用角度来看，它能避免经常被人踩踏的小路在雨雪过后变得泥泞。步道上的木制平台或木制台阶不仅能贴合起伏的地形，还能防止小径被侵蚀。

步石

对少有人走或是偶尔有人走的路而言，石板、预浇制混凝土薄板、以及其他步石都能建美观的步道。选择 45 ～ 60cm 的材料。按第246 页的方法，一对一对地铺设长方形石板。

疏松法铺设步道

可以用松针、覆盖物、碎石铺就经常使用的步道。而且，松针步道比混凝土步道或砖石步道更好搭建也更便宜。在步道下方铺一块园林专用的塑料薄膜，能防止野草蔓生。再安上砖石镶边，防止铺路材料被冲刷进草坪里。小径至少要 1.2m 宽，让两人能够并肩而行。

安全提示

使用铁锹时要戴手套保护双手。挖掘时要穿好护背，降低受伤的风险。无论何时使用大锤都要佩戴护目镜。

处理山坡

在缓坡上可以搭建类似坡道的连续平台。将 6×8 规格的加压木料放在坡上，在它们之间铺上松铺材料。木料之间的距离从 1.2 ～ 3m 均可。通常来说，坡度越陡，布置木料的间距应越近。

对坡度太陡而无法铺设坡道的情况而言，木料台阶也是很美观的替代品。这种情况下，陡坡必须能够铺深度在 28cm 以上的台阶（第249 页）。更陡峭的坡因挖掘量太大而有些不切实际。

在开始之前，应先确认当地建筑法规。在某些地区，超过 4 级的台阶需要搭配扶手。

工具	材料
■ 切边器	■ 步石
■ 铁锹	■ 沙子
■ 草皮切割机	■ 木桩与细绳
■ 庭院钉耙	■ 庭院布料
■ 线条水平仪	■ 砖块
■ 带 13mm 钻头的电钻	■ 疏松铺设的材料
	■ 13mm 加固钢筋
■ 长柄重锤	■ 10mm 硫化长钉
■ 打夯机	■ 6×6 规格和 6×8 规格的加压木料
■ 大锤	

一连串步石

布置步石

　　沿规划路径布置步石。如有必要可作出调整，让它们成为在步道上行走时的自然落脚处。用切边器切割石头边缘（如右图），然后把石头放到旁边。用铁锹移动草皮，向下挖比步石厚度深 1.3cm 的草皮。

将石头下压

在每个坑里铺 1.3cm 厚的沙子，然后把石头放在沙子上。用锤子尾部将石头敲至适当位置（如左图），让石头顶部与地面齐平。

碎石或覆盖物铺成的小径

挖小径

用细绳和木桩圈出一条笔直的小径，用绳子或软管圈出弧形的小径。利用草皮切割机将标记之间的草皮剥离，然后用铁锹铲走 5cm 或 7cm 的土壤。用钉耙耙平小径。挖一个宽 5cm、比小径深 5cm 的镶边沟槽。在小径和镶边沟槽里铺一块庭院布料（如右图），抑制杂草生长。

用砖块为小径镶边

　　将砖块放在沟槽两端（如右上小图）。根据实际需要，拍紧砖块后方和下方的土壤，让土壤顶部略高于草地水平面。用松散材料填充小径，然后用钉耙夷平（如右图）。

缓坡台地

放置木料

　　钻三个 1.3cm 的导向钻孔，穿透 6×8 规格木料的窄面，一个孔在木料中间，另外两个孔各位于距离木料两端 15cm 处。在坡底挖一条 5cm 深的沟槽，放入木料（如左图）。留下挖出的土壤，用于填埋。使用长柄重锤，让 60cm 的钢筋穿过导向钻孔，固定木料。慢慢往山坡上移动，将木料固定在对应位置的 5cm 深沟槽里。

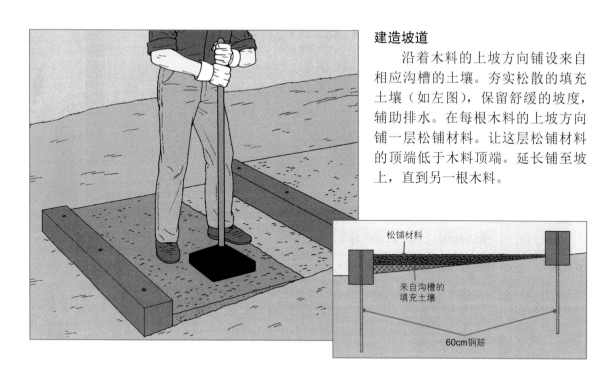

建造坡道

沿着木料的上坡方向铺设来自相应沟槽的土壤。夯实松散的填充土壤（如左图），保留舒缓的坡度，辅助排水。在每根木料的上坡方向铺一层松铺材料。让这层松铺材料的顶端低于木料顶端。延长铺至坡上，直到另一根木料。

松铺材料

来自沟槽的填充土壤

60cm钢筋

搭建木料步道

测量纵横长度

将竖直木桩分别打入坡顶和坡底。在较高木桩的地平面处系一条细绳。将细绳与低处木桩相抵，用线条水平仪调整水平度。在低处木桩上标记细绳的位置（如右图），然后测量纵向高度，也就是标记与地面之间的距离。将纵向高度除以13cm，即6×6规格木料的厚度，计算出台阶的数量，估算出最接近的整数。接下来，测量木桩之间的横向距离，得到总长度。将总长度除以台阶数量，得到台阶深度。

线条水平仪

固定第一级台阶

想制作台阶，先将 6×6 规格的木料切割至计划的楼梯宽度。用两根 25cm 的硫化长钉将两根木料钉在一起。在前两根木料的单侧或两侧再钉入木料，形成正确深度的台阶。台阶之间应该重叠 5cm 以上。在每级台阶的前木料上钻三个 1.3cm 的导向钻孔，一个在中间，另外两个在离木料两端 15cm 处。从坡底第一级台阶处开始搭建，为台阶挖掘足够大的平坦区域。为楼梯制作所需数量的台阶。用右图所示的 60cm 钢筋加固台阶。

导向钻孔

正面木料

安装第二级台阶

在第一级台阶上方为第二级台阶挖掘足够大的区域。用大锤轻敲（如左图），调整第二级台阶的位置至理想的深度，让台阶重叠。然后在台阶重叠的地方钻三个 1.3cm 的导向钻孔，穿透台阶。将钢筋穿过两级台阶，直至插入地面。继续重叠安装台阶，并将台阶加固到坡顶。

池泉水景庭院

建造池泉水景庭院是一项艰巨的任务，但很值得——它会为你的庭院带来梦幻的焦点，还是鱼儿和异域植物的栖息地。除此之外，一旦水池建造完成，搭建支柱比搭建传统花床的支柱更轻松。

泳池镶边的新材料

过去，庭院水池由一块坚硬的纤维玻璃制作而成，或使用浇筑混凝土制作而成。如今，可选择的材料还有聚氯乙烯（PVC）塑料或名为EPDM的人造橡胶。这些柔韧的薄膜材料能塑造任意形状的水池，从几何形到模仿天然水池的不规则形均可，它们的使用寿命在十年以上。

水池边缘厚度各异，1.15mm的厚度对后院水池而言绰绰有余。购买镶边时，它们会以折叠盒装的形式售卖，可以直接铺在挖掘地点。

选择合适位置

由于池岸必须四周齐平，因此建造水池要选择接近平坦的地形。为了确保植物和鱼儿得到足够的阳光，要避免把水池直接建在树下。

有些法律要求在水池周围安装护栏，通常是在水池超过45cm深的时候。在破土动工前请查看当地的建筑法规。

点睛之笔

为了保护延伸到水平线上方的镶边，使之不直接受到阳光照射，可以以飞檐的形式将扁平的庭院石头布置在水池边上。除非水池区域人来人往，否则不必把石头铺在砂浆上。

水泵和喷泉不仅能为水池增添装饰感，还能让水保持流动，防止昆虫在水池表面繁殖。选择喷泉头和塑料管，打造自己想要的喷水效果。

在房屋里安装好电路，用与房间电路同样粗细的UF电缆（地下馈电线）将它延长到水池处，给水泵提供动力。用包含接地故障电流漏电保护器（GFCI）的电源插座防止漏电。你也可以在维修面板使用有GFCI保护的新电路。或选择太阳能发电款，这样就不用布置电线了。

动植物

在安装水池之前，先用水池供应商处有售的液态脱氧剂对水进行处理。因为容器里的植物需要浅水，因此可以在周边挖一个带22cm架子的水池，也可以把容器放在混凝土上。

工具		材料	
■ 卷尺	■ 剪刀	■ 绳子或浇水软管	■ 导管、螺纹套管、
■ 粉笔	■ 推式路帚	■ 2×4 规格长度	弯管、套管
■ 铁铲	■ 电钻	■ 沙子	■ LB 管件
■ 独轮手推车		■ 泳池镶边	■ 金属带
■ 镶边切割器		■ 庭院石头	■ 混凝土块
■ 铁锹		■ 脱氧剂	■ 户外引出箱
■ 木匠水平尺		■ 25cm 硫化长钉	■ GFCI 插座
■ 庭院铁耙		■ UF 电缆	

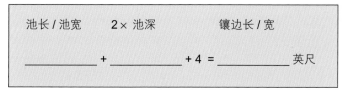

计算镶边尺寸

　　用水池长宽的英尺数按上方公式计算出所需镶边尺寸。用这个公式计算两次，第一次计算镶边长度，第二次计算镶边宽度。忽略所有水池周边的架子，它们不影响计算结果。

备注：1 英尺 ≈ 0.3 米

挖掘水池

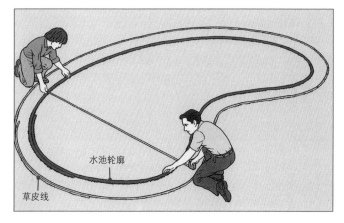

水池轮廓

草皮线

标记尺寸

　　用绳子或软管围出水池的形状。然后把第二根绳子或软管放在第一根内侧 30cm 处，标记要移除并用于压顶石的草皮。测量横跨水池最长距离和最宽距离的点（如左图），然后用上方公式计算所需镶边尺寸。沿着两个标记用粉笔做标记，然后把软管移走。

准备坑洞

从水池轮廓中心开始挖掘，至所需要的深度时，再多挖 5cm，在底部铺一层沙子。留 30cm 宽制作架子，离地平面约 22cm。给水池的内壁和架子做约 20° 的坡面。用边缘切割器沿着草皮线切割（如右图），然后用铁锹移走线内的草皮。

架子

整平池岸

将 2×4 规格木料的末端放在对侧池岸上，位于草皮线内。如有必要，从较高的池岸边移走土壤调平木板。用粉笔标记 2×4 规格木料下方的池岸，并将木板的一端架在其中一个标记上，将木板的另一端架在池岸第三个点上。添加或移走土壤来调整木板的水平度，然后用粉笔标记位置。重复该步骤，调平其他沿岸点，2×4 规格木板的一端始终要放在已经调整至水平的地方。在这些点之间添加或移走土壤，将整个池岸调整至同一高度。

检查深度

　　要想矫平池底，先在一根木料上标记计划深度，作为参照。如果水池有架子，在第一个标记下方2.7m处做第二个标记。在挖掘好的坑里摆2×4规格木料，将深度参照物与2×4规格的木料相抵（如右图），多点确认是否有高凸低凹。在架子上使用22cm标记。添加或移走土壤，调整架子和底部的高度。在整个坑洞的不同点重复该步骤。

池深

架深

铺设池底前的准备

　　把沙子铲入坑里，垫高泳池镶边。使用庭院钉耙，将沙子平铺在池底，5cm厚。不要在架子上堆沙子。

铺设塑料镶边或橡胶镶边

铺开镶边

　　把镶边放入坑里，并开始将它展开，往池岸方向铺。请帮手勾勒架子的镶边轮廓，并立起镶边侧边（如左图）。避免镶边重复折叠，确保它能覆盖草皮线。围绕边缘，在多处放置压顶石，临时固定镶边。用浇水软管给水池注水。如有必要可以移走固定好的石头，抚平镶边，让升高的水面把它平整地抵在侧边。按厂商说明添加脱氧剂。

固定镶边

　　水池注满水以后，用一把剪刀沿着草皮线修剪镶边（如上图）。可以用锤子把 25cm 硫化钉打入草皮线内 10cm 处的池岸上，沿着周长每 60cm 固定一次，永久固定镶边。

铺设顶部

　　将水泵放在水池里，把电源线铺在计划安装插座的池岸上。在草皮线与池边之间铺 5cm 的湿沙，把压顶石压在沙子上，这样它们能令周边延长 2.5cm 以上（如上图），防止镶边因日照而损耗。用推式路帚将沙子扫入石头的缝隙中。

水泵和喷泉的电力

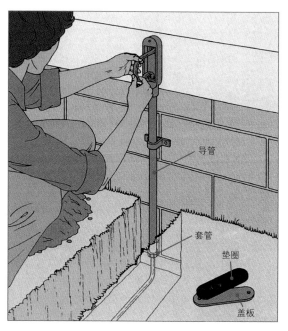

房屋出口

　　从房屋往插座所在地挖一条沟槽。如果你计划安装刚性金属管道，要为电缆挖15cm深的沟槽，否则要挖30cm深的沟槽。拓宽水池周围的沟槽，使之能放下混凝土块。钻2.2cm的洞穿过房屋侧壁和地面框架，插入1.3cm直径的螺纹套管，即短罗纹套管。为了支撑LB配件——用于将电缆引向沟槽的小盒子——要使用足够长的螺纹套管，延长至底座或狭小空隙（如左上图）。在LB配件的另一端，将长度合适的导管插入沟槽15cm以上。将塑料套管旋入导管底部。把螺纹套管推进洞里，用金属带将导管悬在基座上。将房屋内的套管旋入螺纹套管里。

接通电路

　　移走LB配件的盖板和垫圈。将UF电缆穿过导管，穿入LB配件，然后拉着它穿过螺纹套管（如右上图）。在房屋内较方便的位置安装单极开关盒。把UF电缆装入盒子里，然后继续安装室内非金属包裹电缆的线路，使之与现有插座匹配。使用跨接线和电线帽，将黑钢丝连上开关接线端，将白钢丝连上另一端，地线连上开关和盒子（如果它是金属的）。替换LB配件的垫圈和盖板，在配件和房屋之间的接缝里打入接缝胶。

安装出线匣

　　将电缆铺至沟槽末端。把套管旋至 30cm 螺纹套管的一端，另一端旋入弯管连接器。然后切割 45cm 长的导管。将导管的螺纹端连在弯管上，另一端连在无螺纹连接器上（如嵌图）。把电缆旋入这个组件，放在沟槽里，调低混凝土块放在上方。将防风雨的出线匣装在电缆末端，旋入无螺纹连接器上（如右图）。把混凝土块里导管周围的土壤与石头拍紧，防止摇晃，然后填入沟槽。

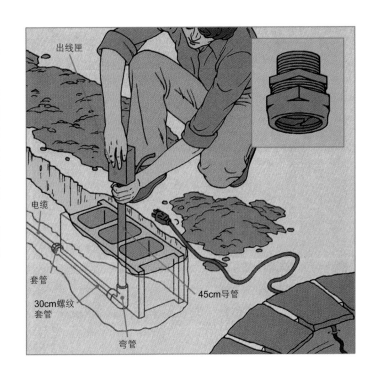

出线匣

电缆

套管

30cm螺纹套管

弯管

45cm导管

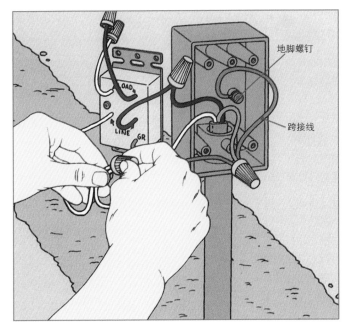

地脚螺钉

跨接线

连接 GFCI 插座

　　用电线盖帽覆盖标记着 LOAD（输出负载侧）的 GFCI 引线。将电缆里的黑线和白线与标记着 LINE（输入电源侧）的 GFCI 相应颜色的线相连（如左图）。把跨接线连在盒子里的地脚螺钉上，并把跨接线与电缆和 GFCI 地线相连。将所有线塞入盒子里，固定好插座，再安上防水的 GFCI 外壳。关掉屋内电路插座的电力。将新电缆的电线与盒子里的线相连，黑线连黑线，白线连白线，地线连地线。用螺丝把插座固定在盒子上之后恢复通电，然后为水泵插上电源。

鱼儿和植物的平衡能让水池保持清洁美观。水生植物能为鱼儿提供氧气和食物，而鱼儿会吃掉水里的藻类，让池水保持清洁。

定期清理

每 3 到 4 年排干水池并擦洗镶边。在底部积起 2.5cm 淤泥后也要排干水池并擦洗镶边。清空水池之后，拿出植物生长的容器，将水泵上的喷泉连接口换成通向泳池外的浇水软管，然后打开水泵。

当剩下约 15cm 的水时，用渔网捞走鱼儿，把它们放入干净的塑料容器里，装入来自水池里的水。排干水池，然后断开浇水软管，把水泵放入装鱼的容器里。打开水泵，为鱼儿供氧。把鱼儿和植物放在阴影处。

用尼龙刷帚轻刮镶边，然后用干湿均可的真空吸尘器把水池里的淤泥吸走。重新填满水池，给水脱氯。当池水温度上升到与容器内水温相差 5℃ 以内时，将鱼放入水池里，把植物放回架子上。

在水池里安装御寒设备

水池温度下降至 7℃ 时，将植物修剪至 7cm，并把它们从架子上移到池底。

鱼无需食物也能过冬，但是不能没有氧气，而氧气通过池水表面进入水里。在暖冬地区，水泵里的水能够防止水池结冻。如果池水表面冻住了，你必须切开冰面，开一个至少 0.1m² 的洞。在极寒地区，电动水池除冰装置可以保证水池角落不结冰。

附录

　　每种草、每种植物、每种灌木都有自己的特性，特别适合某些环境。从第263页起的表格根据不同气候带的地图编译而成，强调了种植植物所要考虑的重要因素，请参考对开页的清单制定全年种植计划和庭院维护计划。

全年庭院维护

景观庭院需要持续照料，才能保持健康与美观，每个季节都有相应的劳作。气候差异较大，则不能参照日历来界定季节。气温变化、土壤条件变化、植物外观变化都是值得参考的指示性因素。最后一场严重霜冻标志着春季的开端，这时候植物球茎开始发芽，多年生植物开始展开新叶、舒展根茎。土壤温度提升暗示我们应该开始控制野草。许多开花灌木会在春季中期开花，但是玫瑰花蕾则宣告着夏季的来临。在北方，较低的夜间气温和落叶都暗示着秋季的来临。前几场严霜是冬季的序曲，那时候大部分植物还都处于休眠期，只需要防冰雪即可。

季节性劳作清单

早春

- ✓ 移走灌木和植物的防护覆盖物。移走旧覆盖物，或将覆盖物混入土壤里，铺上新的覆盖物。开始修剪灌木、乔木、蔷薇科植物。
- ✓ 将树叶从草坪和地被植物上耙走。在草坪空地重新播种、撒肥料、浇水。把草修剪至推荐高度（第48页），在野草大规模出现前使用除草剂，开始控制马唐野草。
- ✓ 给地被植物施肥，剪掉所有多纤维植物。
- ✓ 用休眠油喷洒乔木和灌木，控制虫害。

仲春

- ✓ 将草修剪至中等高度。每周给草坪和庭院除杂草。
- ✓ 在土壤潮湿、好劳作的时候，可以种植或移植乔木和灌木。
- ✓ 为种植床镶边，开始建造菜园。

暮春

- ✓ 修剪不开花灌木或暮夏和秋季开花的灌木。在春季开花的灌木，要等到花朵完全凋谢之后进行修剪。

- ✓ 定期检查草坪，看土壤是否需要浇水。

初夏

- ✓ 根据需要使用杀虫剂来控制菌类、昆虫、病毒，以及有这些问题的植物的鳞叶。继续按一周一次的频率给蔷薇科植物喷洒或涂粉剂杀虫剂，直至生长季结束。
- ✓ 如果你有水池，这是种植优雅水生花的好时机，例如水生百合和莲花。

仲夏

- ✓ 给所有植物浇水，尤其是在春季种植的乔木和灌木——防止太阳烤焦叶片。
- ✓ 给花床和灌木床除杂草。
- ✓ 将草修剪至比春季长2.5cm，防止灼烧。

暮夏

- ✓ 开辟新草坪或修复旧草坪
- ✓ 检查植物是否缺铁。如果植物的黄叶上有深绿色经脉就给植物补充一些铁元素丰富的肥料。

季节性劳作清单（续）

早秋

✓ 为草坪充气与去芜。将草剪短，加大植株间距。

✓ 挖掘并移动常青灌木和常青乔木，或种植新的常青灌木和常青乔木。等到树叶脱落，再移动落叶性树木。

✓ 种植裸根蔷薇科植物需定期给新植物浇水，盖少许覆盖物，抑制杂草。

✓ 秋季是开始堆肥的最佳时期。使用植物顶部、已死或将死的一年生植物和落叶等庭院废弃物。

✓ 给树根施肥。

暮秋

✓ 清除草坪和地被植物上的树叶。把松针耙在一起，再铺开作为灌木的覆盖物。

✓ 为蔷薇科植物、树木、树篱做最后一次修剪。

✓ 为所有灌木更新或补充覆盖物。调整所有老化密集的覆盖物，让空气和水能触及植物根部。

✓ 将菜园已死的植物加入堆肥。在庭院铺好肥料或堆肥，然后翻土。

✓ 在冻结温度来临前，按一周一次的频率给植物好好浇水，让它们保持潮湿，度过冬季。

初冬

✓ 用常绿植物修剪下的枝叶覆盖矮生灌木。用粗麻布包裹中等尺寸的灌木。在房屋附近的植物上搭建架子，避免屋檐上滑落的雪损伤植物枝干。

✓ 修剪冬青和其他阔叶常绿植物。

✓ 耙走草坪和花床上的落叶。

冬季中期

✓ 经常检查并修补防护性的覆盖物，在每场暴风雪过后轻轻把雪从灌木的枝干上摇下来。

✓ 小心不要把雪铲到步道和车道边界的植物上。

✓ 在狂风暴雪后剪掉灌木和乔木的断枝。在暖和的天气里完成夏末和秋季开花的乔木和灌木的修剪。

适合任何气候的草类

　　该表格将草类分为冷季型草（北方草）和暖季型草（南方草），每种列出了植物学名。表格中的细节包括：最佳土壤 pH 值范围；种植方式和适合种植的季节；在 93m² 范围内播种的草籽磅数；理想的修剪高度；每类草的重要特性和维护要求。

冷季型草	土壤 pH 值	种植方式	播种密度	修剪高度	特性
糠穗草（又称小糠草、红顶草）AGROSTIS	5.3～7.5	在秋季播种，或插枝，或铺草坪	1.5～2	1.9cm	草坪肌理厚实细腻，呈亮泽的绿色。适合在寒冷潮湿的气候中生长。需要持续照料、频繁浇水、每周施肥，还需要每年去芜
草熟禾：加拿大早熟禾、草地早熟禾、粗茎早熟禾 POA	6.0～7.5	在秋季或早春播种，或铺草坪	2～4	5~6cm	草坪肌理细腻，呈浓艳的绿色。抗旱，在温暖天气中进入半休眠
羊茅草：高羊茅、红狐茅 FESTUCA	5.3～7.5	在秋季或早春播种，或铺草坪	6～10	5~7cm	高羊茅草坪粗糙、带中等肌理。红狐茅草坪肌理细腻，耐阴。如果播种过于分散会形成草丛。极少需要养护
黑麦草：一年生黑麦草、多年生黑麦草 LOLIUM	5.5～8.0	在秋末播种	6～8	3.8~5cm	一年生黑麦草生长快速，叶片呈浅绿色；适合在冬季之前与暖季型草交叉播种
小麦草：冰草、西部麦草 AGROPYRON	6.0～8.5	在秋季或早春播种	1～2	5~7cm	草坪呈蓝绿色。夏季休眠，耐旱。需避免过度浇水和过度施肥
暖季型草	土壤 PH 值	种植	播种密度	修剪高度	特性
百喜草 PASPALUM	5.0～6.5	在春季播种，或铺草坪	4～6	6~7cm	草坪呈浅绿色，肌理极为粗糙。耐旱
狗牙草 CYNODON	5.2～7.0	在春末或夏季播种，插枝，或塞植，或铺草坪	2～3	1.3~3.8cm	根据混合物的不同，有从深绿色到蓝色等颜色。生长密集、繁茂，能快速传播。每年春季都需去芜
格兰马草 BOUTELOUA	6.0～8.5	在早春播种	1～2	5~6cm	叶片为灰色小片叶。耐旱。可形成低丛

草地早熟禾

西部麦草

狗牙草

野牛草

结缕草

野牛草 BUCHLOE	6.0～8.5	在春季或夏季播种，或塞植，或铺草坪	3～6	2.5~6cm	粗糙，叶片呈灰色，可形成肌理平顺的草坪。生长缓慢，几乎无需修剪
暖季型草	**土壤 pH 值**	**种植**	**播种密度**	**修剪高度**	**特性**
冰洁草地 AXONOPUS	4.7～7.0	在春季或初夏播种，插枝，或塞植，或铺草坪	1.5～2.5	2.5～5cm	草坪粗糙多斑，呈浅绿色。不需要太多维护也能在酸性、多沙、排水较差的土壤里和潮湿地区生长
百足草 EREMOCHLOA	4.0～6.0	在春季或初夏播种，或插枝，或塞植，铺草坪	4～6	5cm	草坪呈黄色、粗糙。生长缓慢，只需少量维护的矮生草类
圣奥古斯丁草 STENOTAPHRUM	6.0～7.0	在春季或初夏播种，或插枝，或塞植	2～3	2.5～5cm	草坪呈蓝色、粗糙、密集的矮生草类。每年都需去芜
结缕草 也叫马尼拉草，细叶结缕草，日本结缕草，高丽草 ZOYSIA	5.5～7.0	在春季或初夏播种，或塞植，或铺草坪	2～3	1.3～3.8cm	密集矮生草类，从粗糙灰色到细腻苔绿色均有。无需频繁浇水和施肥

地被植物

这张表格列出了 30 多种常见地被植物，根据叶型分为常绿、落叶性、半常绿（只在温和的冬季保留叶子的植物）三组。半常绿植物十分茂盛，但只在温暖地区终年为绿色。第二、三列展示出了植物的高度和繁殖方法。

最后一列说明了每种植物的特性，例如适合山坡或岩石庭院的地被植物，以及植物对光照或土壤的特殊需求。一般情况下列出的所有植物都有绿叶，全都会开花或结果，其他情况会另外备注。

常绿地被植物	高度	繁殖方法	植物特性
熊果 ARCTOSTAPHYLOS UVA-URSI	20～40cm	压条法	适合在山坡种植；维护简单；喜干燥土壤
白烛葵，常绿白烛葵 IBERIS SEMPERVIRENS	20～40cm	扦插法、分株法	维护简单；喜全日照
鼠李 CEANOTHUS GRISEUS HORIZONTALIS	高于40cm	扦插法	适合在山坡种植；喜全日照
小球花酒神菊 BACCHARIS PILULARIS	高于40cm	扦插法	适合在山坡种植；生长快速；维护简单；喜全日照
雏菊、非洲菊 OSTEOPERMUM FRUTICOSUM	高于40cm	扦插法	适合在山坡种植；生长快速；维护简单；喜全日照；灰绿色
马蹄金 DICHONDRA REPENS	低于20cm	分株法	适合在岩石庭院种植；生长快速；维护简单；无花或无果
天竺葵、虎耳草 SAXIFRAGA STOLONIFERA	低于20cm	分株法、压条法	生长快速；维护简单；喜潮湿土壤；喜半阴
葡萄、矮冬青 MAHONIA REPENS	高于40cm	扦插法、分株法	适合在山坡种植；生长快速；维护简单；喜潮湿土壤
石南、春天石南 ERICA CARNEA	高于40cm	分株法、压条法	适合在山坡种植；喜潮湿土壤
帚石南、苏格兰石南 CALLUNA VULGARIS	高于40cm	扦插法、分株法	适合在山坡种植；维护简单；喜潮湿土壤
常春藤、英国常春藤 HEDERA HELIX	低于20cm	扦插法	适合在山坡和岩石庭院种植；生长快速；维护简单；喜潮湿土壤；藤蔓无花或无果
刺柏、威尔顿地毯 JUNIPERUS HORIZONTALIS WILTONII	低于20cm	扦插法	适合在山坡种植；维护简单；喜半阴；无花或无果

常绿白烛葵

非洲菊

春天石南

英国常春藤

日式富贵草

常绿地被植物	高度	繁殖方法	植物特性
百合草、山麦冬 LIRIOPE SPICATA	20～40cm	分株法	维护简单
富贵草、日式富贵草 PACHYSANDRA TERMINALIS	20～40cm	扦插法、分株法	适合在山坡种植；生长迅速；维护简单；喜潮湿土壤
蔓长春花、小长春花 VINCA MINOR	低于20cm	扦插法、分株法	适合在山坡种植；生长迅速；维护简单；喜潮湿土壤；喜半阴
李子、凯利萨樱桃 CARISSA GRANDIFLORA	20～40cm	扦插法	喜潮湿土壤
蚤缀属植物，苔藓状蚤缀 ARENARIA VERNA STUREJA	低于20cm	分株法	适合在山坡种植；生长快速；喜潮湿土壤
雪叶莲 CERASTIUM TOMENTOSUM	低于20cm	扦插法、分株法	适合在山坡种植；生长迅速；维护简单；喜全日照；灰绿色
草莓、沙地草莓 FRAGARIA CHILOENSIS	20～40cm	扦插法	生长迅速；维护简单；喜全日照
海石竹、普通海石竹 ARMERIA MARITIMA	20～40cm	分株法	适合在岩石庭院种植；喜全日照
百里香、野生百里香 THYMUS SERPYLLUM	低于20cm	分株法	生长迅速；维护简单；喜全日照
蓍草、绒毛蓍草 ACHILLEA TOMENTOSA	20～40cm	扦插法、分株法	适合在岩石庭院种植；生长迅速；维护简单；干燥土壤；喜全日照；灰绿色
红豆杉、英国紫杉 TAXUS BACCATA	低于20cm	扦插法、压条法	维护简单；潮湿土壤；无花或无果
落叶性地被植物	高度	繁殖方法	植物特性
蒿属、晨雾草 ARTEMESIA SCHMIDTIANA	20～40cm	扦插法、分株法	维护简单；喜全日照；灰绿色
猫薄荷、紫色猫薄荷 NEPETA MUSSINII	20～40cm	扦插法	生长迅速；维护简单；喜全日照；灰绿色
淫羊藿 EPIMEDIUM GRANDIFLORUM	20～40cm	分株法	维护简单；喜潮湿土壤；喜半阴
铃兰 CONVALLARIA MAJALIS	20～40cm	扦插法	维护简单；喜潮湿土壤；喜半阴
蔷薇花、巨大伯爵 ROSA,'MAX GRAF'	高于40cm	扦插法、压条法	维护简单；喜全日照

朝雾草

紫色猫薄荷

甘菊

麦门冬

芝樱

落叶性地被植物	高度	繁殖方法	植物特性
紫云英、绣球小冠花 CORONILLA VARIA	高于40cm	分株法	适合在山坡种植；生长迅速；维护简单
车叶草 GALIUM ODORATUM	20～40cm	分株法	生长迅速；维护简单；喜潮湿土壤；喜半阴

半常绿地被植物	高度	繁殖方法	植物特性
娃娃泪 SOLEIROLIA SOLEIROLII	低于20cm	扦插法、分株法	生长迅速；维护简单；喜潮湿土壤；喜半阴；无花或无果
泽兰 AJUGA REPTANS	低于20cm	分株法	生长迅速；维护简单；喜潮湿土壤
甘菊 CHAMAEMELUM NOBILE	低于20cm	分株法	维护简单
羊茅草、蓝羊茅 FESTUCA OVINA GLAUCA	低于20cm	分株法	生长迅速；喜干燥土壤；喜全日照；无花或无果
薄荷、科西嘉薄荷 MENTHA REQUIENII	低于20cm	分株法	适合在岩石庭院种植；生长迅速；喜潮湿土壤；喜全日照
麦门冬 OPHIOPOGON JAPONICUS	低于20cm	分株法	维护简单；喜潮湿土壤
草夹竹桃属植物、丛生福禄考 PHLOX SUBULATA	低于20cm	扦插法、分株法	适合在岩石庭院种植；生长迅速；维护简单；喜全日照
蔷薇科植物、纪念蔷薇 ROSA WICHURAIANA	20～40cm	扦插法、压条法	适合在山坡种植；生长迅速；维护简单；喜全日照
金丝桃、弟切草 HYPERICUM CALYCINUM	20～40cm	扦插法、分株法	适合在山坡种植；生长迅速；维护简单

庭院与花园树木

这张表格罗列了 79 种适合种植在庭院、露台等处的小型和中型装饰树木：50 种落叶树木、14 种窄叶常绿树木、15 种阔叶常绿树木。每种树木都列出了植物学名，以及成熟树木的大致高度。每种树木的生长速度不同，有些每年生长不到 30cm（慢速），有些每年生长 30 ～ 60cm（中速），有些每年生长 90cm 或更多（快速）。同一品种树木的形状有时也有所不同，请参考第四列。植物特性一列包含了树木的其他特质，例如醒目的树叶形状或罕见的树皮，它们能让树木更加独特；这一列还列出了同一品种的变种，树木对土壤和阳光的需求，以及这种树木是否开花、结果或结籽。向当地苗圃中心咨询树木是否是当地原产；原产地树木能茁壮成长，因为它们能更好地适应当地条件。

落叶树木	高度	生长速度	形状	植物特性
白蜡木、欧洲花楸树 SORBUS AUCUPARIA	高于 7.5m	快速	扩散形	喜全日照；开花；结果或结籽；有彩色树叶
白蜡木 FRAXINUS HOLOTRICHA 'MORAINE'	高于 7.5m	快速	柱状、圆形	喜全日照
紫金花、紫羊蹄甲 BAUHINIA VARIEGATA	至 7.5m	快速	圆形、扩散形	喜潮湿的酸性土壤；喜全日照；开花；结果或结籽
桦木、欧洲白桦 BETULA PENDULA	高于 7.5m	快速	垂枝、圆锥形	喜潮湿土壤；喜全日照；有彩色树叶；观赏性树皮
梓树、美国梓木 CATALPA BIGNONIOIDES	高于 7.5m	快速	圆形	开花；结果或结籽
樱桃树、斑丽甜樱桃 PRUNUS AVIUM PLENA	高于 7.5m	快速	圆锥形	喜全日照；开花
樱桃树、日本早樱 PRUNUS SUBHIRTELLA	至 7.5m	快速	垂枝	喜全日照；开花
樱桃树、千层树 PRUNUS SERRULA	至 7.5m	快速	圆形	喜全日照；开花；结果或结籽；有观赏性树皮
樱桃树、吉野樱 PRUNUS YEDOENSIS	高于 7.5m	快速	扩散形	喜全日照；开花
栗树、板栗树 CASTANEA MOLLISSIMA	高于 7.5m	快速	扩散形	喜酸性土壤；喜全日照；开花；结果或结籽；有彩色树叶

欧洲花楸

美国梓木

吉野樱

红玉山楂树

大花四照花

落叶树木	高度	生长速度	形状	植物特性
棟树果 MELIA AZEDARACH	高于 7.5m	快速	圆形	喜碱性土壤；喜全日照；开花；结果或结籽
山楂树、阿诺德氏海棠 MALUS ARNOLDIANA	至 7.5m	中等	圆形	喜潮湿的酸性土壤；喜全日照；开花；结果或结籽
山楂树、火焰海棠 MALUS 'FLAME'	至 7.5m	中等	圆形	喜潮湿的酸性土壤；喜全日照；开花；结果或结籽
山楂树、红玉海棠 MALUS 'RED JADE'	至 7.5m	中等	垂枝	喜潮湿的酸性土壤；喜全日照；开花；结果或结籽
山茱萸、大花四照花 CORNUS FLORIDA	至 7.5m	中等	圆形、垂枝、扩散形	喜潮湿的酸性土壤；喜全日照；开花；结果或结籽；有彩色树叶，观赏性树皮
山茱萸、四照花 CORNUS KOUSA	至 7.5m	中等	扩散形	喜潮湿的酸性土壤；喜全日照；开花；结果或结籽；有彩色树叶
富兰克林树 FRANKLINIA ALATAMAHA	至 7.5m	慢速	圆锥形	喜潮湿的酸性土壤；喜全日照；开花；有彩色树叶
美国流苏树 CHIONANTHUS VIRGINICU	至 7.5m	慢速	圆形	喜潮湿的酸性土壤；喜全日照；开花；有彩色树叶
金雨树 KOELREUTERIA PANICULATA	至 7.5m	快速	圆形	喜碱性土壤；喜全日照；开花
黄金雨树 CASSIA FISTULA	至 7.5m	快速	圆形	开花；结果或结籽
山楂树、托巴山楂树 CRATAEGUS MORDENENSIS 'TOBA'	至 7.5m	慢速	圆形	喜全日照；开花；结果或结籽
山楂树、华盛顿山楂树 CRATAEGUS PHAENOPYRUM	高于 7.5m	慢速	圆锥形	喜全日照；开花；结果或结籽；有彩色树叶
铁木、美洲铁木 OSTRYA VIRGINIANA	高于 7.5m	慢速	圆锥形	喜全日照；开花；结果或结籽；有彩色树叶
角树、欧洲鹅耳枥 CARPINUS BETULUS	高于 7.5m	慢速	圆形、圆锥形	喜全日照；有彩色树叶，观赏性树皮
蓝花楹、兰花楹 JACARANDA ACUTIFOLIA	高于 7.5m	快速	扩散形	喜酸性土壤；喜全日照；开花；结果或结籽；有观赏性树皮
扁叶轴木 PARKINSONIA ACULEATA	至 7.5m	快速	扩散形	喜全日照；开花；结果或结籽

美国流苏树

华盛顿山楂树

连香树

二乔木兰

鸡爪枫

落叶树木	高度	生长速度	形状	植物特性
枣树 ZIZIPHUS JUJUBA	至 7.5m	中等	扩散形	喜碱性土壤；开花；结果或结籽
连香树 CERCIDIPHYLLUM JAPONICUM	高于 7.5m	快速	扩散形、圆锥形	喜潮湿土壤；喜全日照；有彩色树叶
金链树、沃特勒氏金链树 LABURNUM WATERERI	至 7.5m	中等	圆形	喜潮湿土壤；喜微阴凉；开花
丁香树、日本丁香树 SYRINGA RETICULATA	至 7.5m	中等	扩散形	喜潮湿土壤；喜全日照；开花
刺槐、香花槐 ROBINIA 'IDAHO'	高于 7.5m	快速	圆锥形	喜干燥的酸性土壤；喜全日照；开花
木兰、二乔木兰 MAGNOLIA SOULANGIANA	至 7.5m	中等	扩散形	喜潮湿的酸性土壤；开花；结果或结籽；有彩色树叶，观赏性树皮
枫树、茶条槭 ACER GINNALA	至 7.5m	快速	圆形	开花；结果或结籽；有彩色树叶
枫树、鸡爪枫 ACER PALMATUM	至 7.5m	慢速	圆形	喜潮湿土壤；喜微阴凉；有彩色树叶
枫树、血皮槭 ACER GRISEUM	至 7.5m	慢速	圆形	喜全日照；有彩色树叶，观赏性树皮
枫树、圆叶枫 ACER CIRCINATUM	至 7.5m	中等	扩散形	喜潮湿土壤；喜微阴凉；开花；结果或结籽；有彩色树叶
牧豆树、蜜牧豆树 PROSOPIS GLANDULOSA	高于 7.5m	快速	圆锥形	喜干燥的碱性土壤；喜全日照；开花；结果或结籽；有观赏性树皮
橡树、加州黑橡木 QUERCUS KELLOGGII	高于 7.5m	中等	扩散形	喜碱性土壤；喜全日照；结果或结籽；有彩色树叶
橄榄树、沙枣 ELAEAGNUS ANGUSTIFOLIA	至 7.5m	快速	圆形	喜全日照；开花；结果或结籽；有彩色树叶，观赏性树皮
梧桐树、梧桐 FIRMIANA SIMPLEX	高于 7.5m	快速	圆锥形	喜潮湿土壤；喜全日照；开花；结果或结籽；有观赏性树皮
阿月浑子树、黄连木 PISTACIA CHINENSIS	高于 7.5m	快速	圆形	喜碱性土壤；喜全日照；结果或结籽；有彩色树叶
李树、紫叶李 PRUNUS CERASIFERA ATROPURPUREA	至 7.5m	快速	圆形	喜全日照；开花；结果或结籽；有彩色树叶

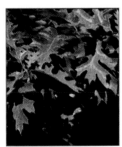
加州黑橡木

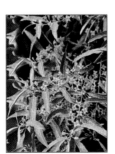
沙枣

紫叶李

日本柳杉

日本花柏

落叶树木	高度	生长速度	形状	植物特性
黄蝴蝶属植物、凤凰木 DELONIX REGIA	高于 7.5m	快速	扩散形	喜全日照；开花；结果或结籽
美国紫荆、加拿大紫荆 CERCIS CANDENSIS	高于 7.5m	中等	圆形、扩散形	喜潮湿土壤；开花；结果或结籽；有彩色树叶
唐棣、大花棠棣 AMELANCHIER GRANDIFLORA	至 7.5m	快速	圆形	喜潮湿土壤；开花；有彩色树叶
银铃、四翅银钟花 HALESIA CAROLINA	至 7.5m	慢速	圆形、圆锥形	喜潮湿的酸性土壤；开花；有彩色树叶
大叶野茉莉、安息香 STYRAX JAPONICUS	至 7.5m	慢速	扩散形	喜潮湿土壤；开花；有彩色树叶
酸木 OXYDENDRUM ARBOREUM	至 7.5m	慢速	圆锥形	喜潮湿的酸性土壤；喜全日照；开花；结果或结籽；有彩色树叶
乌桕、腊子树 SAPIUM SEBIFERUM	高于 7.5m	快速	扩散形	喜全日照；结果或结籽；有彩色树叶
胡桃木、印度黑胡桃 JUGLANS HINDSII	高于 7.5m	快速	圆形	喜全日照；结果或结籽
窄叶常绿树木	高度	生长速度	形状	植物特性
金钟柏、道格拉斯金钟柏 THUJA OCCIDENTALIS DOUGLASII AUREA	至 7.5m	快速	圆锥形	喜潮湿土壤；喜全日照
雪松、加州香柏木 CALOCEDRS DECURRENS	高于 7.5m	快速	圆锥形	喜潮湿土壤；结果或结籽；有观赏性树皮
雪松、日本柳杉 CRYPTOMERIA JAPONICA	高于 7.5m	快速	圆锥形	喜潮湿的酸性土壤；喜全日照；结果或结籽；有彩色树叶，观赏性树皮
柏树、意大利柏树 CUPRESSUS SEMPERVIRENS STRICTA	高于 7.5m	快速	圆锥形	干燥土壤；喜全日照；结果或结籽；有彩色树叶
柏树、日本花柏、假扁柏 CHAMAECYPARIS PISIFERA SQUARROSA	高于 7.5m	中等	圆锥形	喜潮湿土壤；喜全日照
冷杉、杉木 CUNNINGHAMIA LANCEOLATA	至 7.5m	快速	圆锥形	喜酸性土壤；结果或结籽；有彩色树叶，观赏性树皮
刺柏、柱状刺柏 JUNIPERUS CHINENSIS COLUMNARIS	至 7.5m	中等	圆锥形	喜干燥土壤；喜全日照
松木、日本黑松 PINUS THUNBERGIANA	高于 7.5m	快速	扩散形、圆锥形	喜干燥土壤；喜全日照；结果或结籽

日本黑松

英国冬青

夹竹桃

甜橙树

费约果树

窄叶常绿树木	高度	生长速度	形状	植物特性
松木、小叶南洋杉 ARAUCCARIA HETEROPHYLLA	高于 7.5m	快速	圆锥形	喜潮湿的酸性土壤；喜全日照；结果或结籽
松木、伞形松 PINUS DENSIFLORA UMBRACULIFERA	至 7.5m	慢速	扩散形	喜干燥土壤；喜全日照；结果或结籽；有彩色树叶
松木、日本金松 SCIADOPITYS VERTICILLATA	至 7.5m	慢速	圆锥形	喜潮湿的碱性土壤；喜全日照；结果或结籽
罗汉松 PRODOCARPUS MACROPHYLLUS	至 7.5m	中等	柱状	喜潮湿土壤；喜微阴凉；有彩色树叶
云杉、塞尔维亚云杉 PICEA OMORIKA	高于 7.5m	慢速	圆锥形	喜全日照；结果或结籽
紫杉、爱尔兰红豆杉 TAXUS BACCATA STRICTA	至 7.5m	慢速	柱状、圆锥形	喜酸性土壤；结果或结籽；有彩色树叶
阔叶常绿树木	**高度**	**生长速度**	**形状**	**植物特性**
白蜡树、墨西哥光蜡树 FRAXINUS UHDEI 'MAJESTIC BEAUTY'	高于 7.5m	快速	扩散形	喜潮湿的碱性土壤；喜全日照
樟脑树 CINNAMOMUM CAMPHORA	高于 7.5m	中等	扩散形	开花；结果或结籽；有彩色树叶
金合欢 ACACIA BAILEYANA	至 7.5m	快速	圆形	喜干燥土壤；喜全日照；开花；有彩色树叶
榆树、榆木 ULMUS PARVIFOLIA	高于 7.5m	快速	垂枝	喜全日照
冬青、英国冬青 ILEX AQUIFOLIUM	高于 7.5m	慢速	圆形	喜酸性土壤；喜全日照；结果或结籽；有彩色树叶
木麻黄树 CASUARINA EQUISETIFOLIA	高于 7.5m	快速	圆锥形	结果或结籽
月桂 LAURUS NOBILIS	至 7.5m	慢速	圆锥形	结果或结籽
枇杷树 ERIOBOTRYA JAPONICA	至 7.5m	快速	扩散形	喜潮湿土壤；开花；结果或结籽；有彩色树叶
夹竹桃 NERIUM OLEANDER	至 7.5m	中等	圆形	喜潮湿土壤；喜全日照；开花
橄榄树、油橄榄木 OLEA EUROPAEA	至 7.5m	中等	圆形	喜干燥土壤；喜全日照；开花；结果或结籽；有观赏性树皮
橙树、甜橙树 CITRUS SINENSIS	至 7.5m	中等	圆形	喜潮湿土壤；喜全日照；开花；结果或结籽
桂花、冬青桂 OSMANTHUS HETEROPHYLLUS	至 7.5m	快速	圆形	喜干燥土壤；喜微阴凉；开花
漆椒树、胡椒树 SCHINUS MOLLE	高于 7.5m	中等	垂枝	喜全日照；开花；结果或结籽
石楠、红叶石楠 PHOTINIA FRASERI	至 7.5m	中等	扩散形	开花；结果或结籽；有彩色树叶
费约果树 FEIJOA SELLOWIANA	至 7.5m	快速	圆形	喜潮湿土壤；开花；结果或结籽；有彩色树叶

庭院灌木

这张表格列出了 58 种开花灌木，它们的植物学名，以及每种灌木的大致高度。花色一列中以彩色的圆圈表示每种灌木或其亲缘植物的常见花色。同时列出了灌木的开花期。

植物特性一列包含了适合种植每种灌木的条件——比如植物更适合用作树篱还是地被植物，灌木的土壤和阳光偏好，是否结果、是否有观赏性叶子、是否有怡人香气。

开花灌木	高度	花色	开花期	植物特性
金合欢树、毛洋槐 ROBINIA HISPIDA	至 1.8m		春季至夏季	地被植物；喜全日照
杏树、榆叶梅 PRUNUS TRILOBA	高于 1.8m		春季	喜全日照；结果；有观赏性叶子
杜鹃花、杂种杜鹃 RHODODENDRON CATAWBIENSE	高于 1.8m		春季	喜潮湿的酸性土壤；喜阴凉
杜鹃花、常绿杜鹃 RHODODENDRON	至 1.8m		夏季	喜潮湿的酸性土壤；有观赏性叶子
杜鹃花、火焰杜鹃 RHODODENDRON CALENDULACEUM	至 1.8m		夏季	喜潮湿的酸性土壤
杜鹃花、野杜鹃 RHODODENDRON NUDIFLORUM	至 1.8m		春季	潮湿酸性土壤
伏牛花、童氏小檗 BERBERIS THUNBERGII	高于 1.8m		春季	树篱；结果
伏牛花、小檗 BERBERIS MENTORENSIS	高于 1.8m		春季	树篱；结果
猬实 KOLKWITZIA AMBILIS	高于 1.8m		春季	结果；有观赏性叶子
金雀花、杂交金雀花 CYTISUS HYBRIDS	任意		春季	喜全日照；有香气

杜鹃花

日本小檗

杂交金雀花

欧亚山茱萸

金露梅

开花灌木	高度	花色	开花期	植物特性
七叶树、小花七叶树 AESCULUS PARVIFLORA	高于 1.8m	○	夏季	有观赏性叶子
醉鱼草、互叶醉鱼草 BUDDLEIA ALTERNIFOLIA	高于 1.8m	●●	春季至夏季	喜全日照；有观赏性叶子；有香气
樱桃树、欧亚山茱萸 CORNUS MAS	高于 1.8m	○○	春季	结果；有观赏性叶子
樱桃树、沙樱桃 PRUNUS BESSEYI	高于 1.8m	○	春季	喜全日照；结果
野樱桃、野樱莓 ARONIA MELANOCARPA	低于 90cm	○●●	春季	结果；有观赏性叶子
野樱桃、山楸梅 ARONIA ARBUTIFOLIA BRILLIANTISSIMA	高于 1.8m	○●●	春季	结果；有观赏性叶子
委陵菜、金露梅 POTENTILLA FRUTICOSA	到 1.8m	○○○	夏季至秋季	喜全日照
车轮棠、匍匐枸子 COTONEASTER ADPRESSUS	低于 90cm	●●	夏季	喜全日照；结果；有观赏性叶子
车轮棠、平枝枸子 COTONEASTER HORIZONTALIS	低于 90cm	●●●●	夏季	地被植物；喜全日照；有观赏性叶子
车轮棠、丛花车轮桃 COTONEASTER RACEMIFLORUS	高于 1.8m	○	夏季	喜全日照；结果；有观赏性叶子
紫薇 LAGERSTROEMIA INDICA	高于 1.8m	○●●●●	夏季	树篱；喜潮湿土壤；喜全日照；有观赏性叶子
瑞香、欧亚瑞香 DAPHNE MEZEREUM	低于 90cm	●●	春季	结果；有香气
溲疏属、细梗溲疏 DEUTZIA GRACILIS	到 1.8m	○	春季	树篱
吊钟花、布纹吊钟花 ENKIANTHUS CAMPANULATUS	高于 1.8m	○	春季	喜潮湿的酸性土壤；有观赏性叶子
连翘、美国金钟连翘 FORSYTHIA INTERMEDIA	高于 1.8m	○○	春季	树篱
榛树、曲枝欧榛 CORYLUS AVELLANA CONTORTA	高于 1.8m	○○	春季	有观赏性叶子

平枝枸子

紫薇

棣棠花

洋丁香

香雪山梅花

开花灌木	高度	花色	开花期	植物特性
金银木 LONICERA MAACKII	高于1.8m	○	春季	结果；有香气
鞑靼忍冬 LONICERA TATARICA	高于1.8m	○●●	春季	结果
郁香忍冬 LONICERA FRAGRANTISSIMA	到1.8m	○	春季	结果；有香气
圆锥绣球 HYDRANGEA PANCULATA	高于1.8m	○●●	夏季至秋季	喜潮湿土壤
迎春花 JASMINUM NUDIFLORUM	高于1.8m	●●	春季	喜全日照
棣棠花 KERRIA JAPONICA	至1.8m	●●	春季至秋季	有观赏性叶子
洋丁香 SYRINGA VULGARIS	高于1.8m	○○●●●●●	春季	有香气
香雪山梅花 PHILADELPHUS LEMOINEI	至1.8m	○	夏季	有香气
沙枣 ELAEAGNUS ANGUSTIFOLIA	高于1.8m	●●	夏季	树篱；喜全日照；结果；有观赏性叶子；有香气
白鹃梅 EXOCHORDA RACEMOSA	高于1.8m	○	春季	喜全日照
毛叶石楠 PHOTINIA VILLOSA	高于1.8m	○	春季	结果；有观赏性叶子
滨梅 PRUNUS MARITIMA	至1.8m	○	春季	喜全日照；结果
辽东水蜡树 LIGUSTRUM AMURENSE	高于1.8m	○	夏季	树篱；结果
水蜡树 LIGUSTRUM OBTUSIFOLIUM	至1.8m	○	夏季	树篱；结果
金叶女贞 LIGUSTRUM VICARYI	高于1.8m	○	夏季	树篱；结果；有观赏性叶子

褪色柳

杂交贴梗海棠

红蕾雪球荚蒾

锦带花

金缕梅

开花灌木	高度	花色	开花期	植物特性
褪色柳 SALIX DISCOLOR	高于 1.8m	○	春季	喜潮湿土壤；喜全日照
杂交贴梗海棠 CHAENOMELES HYBRIDS	至 1.8m	○●●	春季	树篱；喜全日照
玫瑰 ROSA RUGOSA	至 1.8m	○●●	夏季至秋季	喜全日照；结果；有观赏性叶子；有香气
雪果 SYMPHORICARPOS ALBUS	至 1.8m	●●	夏季	树篱；结果
笑靥花 SPIRAEA PRUNIFOLIA	高于 1.8m	○	春季	树篱，有观赏性叶子
金山绣线菊 SPIRAEA BUMALDA	低于 90cm	●●	夏季	有观赏性叶子
珍珠梅 SORBARIA SORBIFOLIA	至 1.8m	○	夏季	喜潮湿土壤
菱叶绣线菊 SPIRAEA VANHOUTTEI	至 1.8m	○	春季	树篱
桤叶山柳 CLETHRA ALNIFOLIA	至 1.8m	○	夏季	喜潮湿的酸性土壤；有观赏性叶子；有香气
美国蜡梅 CALYCANTHUS FLORIDUS	至 1.8m	●●	春季	喜潮湿土壤；有观赏性叶子；有香气
五蕊柽柳 TAMARIX PENTANDRA	高于 1.8m	●●	夏季	喜日照；有观赏性叶子
红蕾雪球荚蒾 VIBURNUM CARLCEPHALUM	高于 1.8m	○	春季	树篱；结果；有观赏性叶子；有香气
蝴蝶荚蒾 VIBURNUM PLICATUM	高于 1.8m	○	春季	树篱；结果；有观赏性叶子
壶花荚蒾 VIBURNUM SIEBOLDII	高于 1.8m	○	春季	结果；有观赏性叶子
锦带花 WEIGELA	至 1.8m	○●●	春季	
香蜡瓣花 CORYLOPSIS GLABRESCENS	高于 1.8m	○○	春季	喜潮湿的酸性土壤；有观赏性叶子；有香气
金缕梅 HAMAMELIS MOLLIS	高于 1.8m	○○	春季	喜潮湿土壤；有观赏性叶子，有香气

这张表格列出了20种常绿灌木及它们的植物学名。最后一列列出了植物特性和生长条件；包括具体应用，例如景观草坪、树篱、屏障、地被植物；土壤需求；植物是否结果，是否结浆果，是否开花。

常绿灌木	高度	叶子颜色	植物特性
侧柏 PLATYCLADUS ORIENTALIS	至 1.8m	绿色、黄绿色	可用作树篱、屏障；喜潮湿土壤
雷斯角熊果树 ARCTOSTAPHYLOS UVA-URSI 'POINT REYES'	低于 30cm	深绿色	可用作地被植物；喜干燥的酸性土壤；结果或结浆果；粉 - 红色花朵
矮英国黄杨木 BUXUS SEMPERVIRENS SUFFRUTICOSA	至 90cm	蓝绿色	可用作景观草坪、树篱；喜潮湿土壤
山茶花 CAMELLIA JAPONICA	至 3m	深绿色	可用作景观草坪、树篱；喜潮湿的酸性土壤；粉至红色花朵
台湾扁柏 CHAMAECYPARIS OBTUSA	至 1.8m	深绿色	可用作景观草坪；喜潮湿的酸性土壤
日本花柏 CHAMAECYPARIS PISIFERA	至 3m	绿色	可用作景观草坪；喜潮湿的酸性土壤
欧洲火棘 PYRACANTHA COCCINEA	至 3m	深绿色	可用作树篱；结果或结浆果；白色花朵
葡萄，俄勒冈冬青 MAHONIA AQUIFOLIUM	至 1.8m	绿色	可用作结果或结浆果；黄橙色花朵
美国冬青 ILEX OPACA	至 3m	绿色	可用作树篱；喜酸性土壤；结果或结浆果
枸骨 ILEX CORNUTA	至 3m	绿色	可用作树篱；喜酸性土壤；结果或结浆果
齿叶冬青 ILEX CRENATA	至 3m	深绿色	可用作树篱；喜酸性土壤；结果或结浆果
金叶桧 JUNIPERUS CHINENSIS AUREA	至 90cm	黄绿色	可用作景观草坪、地被植物
叉子圆柏 JUNIPERUS SABINA	至 90cm	蓝绿色	可用作地被植物

欧洲火棘

金叶桧

山月桂

白云杉

麦卢卡

常绿灌木	高度	叶子颜色	植物特性
平枝圆柏 JUNIPERUS HORIZONTALIS	低于 30cm	蓝绿色	可用作地被植物
山月桂 KALMIA LATIFOLIA	到 3m	深绿色	可用作景观草坪；喜潮湿的酸性土壤；粉至红色花朵
南天竺 NANDINA DOMESTICA	到 1.7m	绿色	可用作喜潮湿土壤；结果或结浆果；白色花朵
欧洲山松 PINUS MUGO	到 90cm	深绿色	可用作景观草坪、树篱、地被植物
白云杉 PICEA GLAUCA	到 3m	蓝绿色	可用作景观草坪、树篱、屏障
麦卢卡 LEPTOSPERMUM SCOPARIUM	到 3m	绿色	可用作树篱；喜酸性土壤；粉至红色花朵
欧洲红豆杉 TAXUS BACCATA REPANDENS	到 1.7m	深绿色	可用作景观草坪、树篱；喜酸性土壤

适合岩石庭院的植物

下列表格种罗列了适合在岩石庭院种植的植物及其植物学名。所有植物都开花，有些植物还有其他特性。羊淫藿、野荷包牡丹、白花丹都有独特的叶子；海石竹则是常青植物。下表也列出了植物高度，包括花朵的高度。

花朵的颜色以彩色圆圈展示。从植物的生长习性一列可以看出，这些植物大部分是直立生长，但有些则是扩散形生长或从中生茎蔓而生长。最后一列列出了特殊植物生长需要的特殊土壤和光照条件。

开花植物	高度	花色	生长习性	土壤与光照
栎木银莲花 ANEMONE NEMOROSA	不到 15cm	○◐●●●●	直立	喜酸性土壤；喜半阴
岩生庭芥 AURINIA SAXATILIS	15～30cm	◐◐	扩散形	喜全日照
淫羊藿 EPIMEDIUM GRANDIFLORUM	15～30cm	○◐◐◐◐●●●	直立	喜阴凉
野荷包牡丹 DICENTRA EXIMIA	高于 30cm	○◐◐●●	直立	喜酸性土壤；喜阴凉
屈曲花 IBERIS SEMPERVIRENS	15～30cm	○◐	扩散形	喜碱性土壤；喜全日照
蓝灰石竹 DIANTHUS GRATIANOPOLITANUS	15～30cm	○◐◐●	直立	喜全日照
栎叶黄水枝 TIARELLA CORDIFOLIA	15～30cm	○◐	直立	喜酸性土壤；喜阴凉

开花植物	高度	花色	生长习性	土壤与光照
北美金棱菊 CHRYSOGONUM VIRGINIANUM	15～30cm	⚪⚪	直立、扩散形	喜酸性土壤；喜阴凉
丛生风铃草 CAMPANULA CARPATICA	15～30cm	⚪⚪⚫⚫	直立	喜全日照
矮生鸢尾 IRIS PUMILA	15～30cm	⚪⚪⚪⚪⚫⚫⚫⚫	直立	喜碱性土壤；喜全日照
冠毛矮鸢尾 IRIS CRISTATA	低于 15cm	⚪⚪⚫⚫	直立	喜酸性土壤；喜半阴
蓝雪花 CERATOSTIGMA PLUMBAGINOIDES	低于 15cm	⚫⚫	扩散形	喜半阴
林地天蓝绣球 PHLOX DIVARICATA	15～30cm	⚪⚫⚫	扩散形	喜酸性土壤；喜半阴
加罗林雪轮 SILENE CAROLINIANA	15～30cm	⚫⚫	直立	喜半阴
樱草花 PRIMULA SIEBOLDII	15～30cm	⚪⚫⚫⚫⚫⚫	直立	喜酸性土壤；喜半阴
半日花 HELIANTHEMUM NUMMULARIUM	15～30cm	⚪⚪⚪⚪⚫	直立、蔓生	喜碱性土壤；喜全日照
山雪草 ARENARIA MONTANA	低于 15cm	⚪⚫	蔓生	喜酸性土壤；喜全日照
岩生肥皂草 SAPONARIA OCYMOIDES	15～30cm	⚪⚫⚫⚫	蔓生	喜全日照
海石竹 ARMERIA MARITIMA	15～30cm	⚪⚪⚫⚫	直立	喜全日照

栎木银莲花

岩生庭芥

屈曲花

北美金棱菊

冠毛矮鸢尾

小园闲憩
——家庭庭院露台设计与建造

定　价： 59.90 元

内容简介： 露台会帮助我们打破室内空间所带来的局限，远离需要在室内遵循的条条框框，让我们更放松、更爱笑，流露出无拘无束的生活态度。别再躲在室内，是时候在院子中打造自己喜欢的露台了。本书将引导大家按步骤完成露台设计、规划和建筑流程。现在，动手让你的露台美梦成真吧！

雅舍清池
——家庭庭院池塘设计与打造

定　价： 59.90 元

内容提要： 如果你幻想在自家院子里有一汪小池塘，不论是以水缸为基础的迷你水池，还是带有喷泉的水景，甚至是可以吸引野生动物的大池塘，现在是时候实现你的梦想了！这本书将带你了解在庭院中打造一个池塘的所有流程，从选择工具、材料到设计和修建，以及如何种植养护植物、吸引野生动物等。最后你将打造出美丽而独特的池塘庭院，供一家人欣赏。

小庭景深
——小型家庭庭院风格与建造

定　价： 59.90 元

内容提要： 拥有一座小庭院的你是不是渴望有个更大的院子？最好还能栽种各种各样的植物，修建各式景观。不过，即便是小庭院，荒废也实为可惜，不如欣然接受面积小的庭院、发挥创意精心呵护，同样也会令你产生满足感。本书在手，家中的小院子再也不会稀疏寥落，无论大小形状，每座庭院都可以变得生机盎然。